MAREN GROTE

HUNDE LESEN LERNEN

—— Hundeverhalten praxisnah erklärt

MIT KOSMOS MEHR ENTDECKEN

VERHALTEN VERSTEHEN

— *und richtig steuern*

SEIT 1822

KOSMOS

☞ *Inhalt*

ZU DIESEM BUCH

Hunde sind im Grunde genommen wie vierbeinige Menschen, nur besser darauf bedacht, sich das Leben schön zu machen.

HUNDE SIND GROSSARTIG!

Das weißt du, das weiß ich, das wissen schätzungsweise 10 Millionen Menschen in Deutschland, denn so viele halten sich Hunde. Hunde leben auf der ganzen Welt, in jedem Winkel, in jedem Klima. Sie alle verbindet, dass sie nah am Menschen sind. Nicht immer so nah wie bei dir vielleicht, also in deinem Haus oder Bett. Aber dennoch in der direkten Nähe und oft in Koexistenz oder noch viel mehr: in Freundschaft.

HUNDE LIEBEN MENSCHEN, MENSCHEN LIEBEN HUNDE

Menschen auf der ganzen Welt gehen freundschaftliche Beziehungen zu Hunden ein und das hat einen besonderen Zauber. Denn kein Tier war früher so eng mit dem Menschen verbunden wie der Hund. Kein Tier hat es so nah an uns herangeschafft und diesen Stellenwert eingenommen, nicht mal die Tiere, die direkt mit uns verwandt sind.

WUSSTEST DU, ...

dass Hunde die gleichen Hirnareale haben wie Menschen und auch dieselben Botenstoffe darin aktiv sind wie bei uns? Damit ist davon auszugehen, dass Hunde ähnlich fühlen wie wir und auch komplexe Gefühle wahrnehmen und auswerten können.

Warum das so ist? Da streitet sich die Wissenschaft noch. Ob der Hund zum Menschen kam oder der Mensch zum Hund, wissen wir noch nicht genau. Wahrscheinlich haben wir beide einen Schritt aufeinander zu gemacht. Dass da etwas ist, was uns verbindet, das fühlst du, wenn du deinen Hund ansiehst und andere Menschen mit ihren Hunden beobachtest. Dieser unsichtbare Faden zwischen Menschheit und Hundewelt soll in diesem Buch beleuchtet werden. Denn was Hunde können, denken und fühlen geht so viel weiter, als Kekse für ein gewünschtes Verhalten einzustreichen. Dieses Buch ist kein Erziehungsratgeber und befasst sich auch nicht mit Trainingstechniken, um unerwünschtes Verhalten abzustellen, sondern soll Verständnis schaffen, wieso Hunde auch die Dinge tun, die sie tun, eben weil sie Hunde sind. Eine kleine Zusammenfassung, was das jeweils für euer Zusammenleben und deinen Umgang mit dem Hund bedeuten kann, erfährst du hier aber natürlich auch. Ich nehme mir als Beispiel einen typischen Tagesablauf mit Hund, an dem die Ausdrucksweisen und Besonderheiten von Hunden beleuchtet werden. Vom Aufstehen, gemeinsamen Kuscheln, Füttern und Spazierengehen mit und ohne Leine, über den Kontakt zu fremden Hunden auf dem Spaziergang, bis hin zur Schlafenszeit, werden wir gemeinsam auf die Eigenarten und Verhaltensweisen schauen, die Hunde ausmachen.

HUNDE SIND EIGENSTÄNDIGE PERSÖNLICHKEITEN!

Hunde sind mehr als das andere Ende der Leine. Sie haben Persönlichkeit, eigene Ideen, spezifische Verhaltensweisen und Einstellungen. Hunde werden nicht bloß von uns zu etwas gemacht, sie sind denkende, fühlende Lebewesen und ihre Ideen und Verhaltensmuster sind nicht immer in unserem Sinne. Ihre Eigenarten zu verstehen und auch ihre Eigenständigkeit anzuerkennen, ist mein Ziel. Dafür bekommst du in diesem Buch Erklärungen für hundetypisches Verhalten. Damit kannst du deinen Hund besser einschätzen und verstehen. Gleichzeitig möchte ich dir ein bisschen meiner Welt zeigen, meiner Faszination für die außergewöhnliche Komplexität von Hundeverhalten und sozialer Kompetenz.

Viel Spaß beim Lesen!

Maren Grote

»Komm mit mir auf die Reise in den Kopf deines Hundes!«

Maren Grote und Hund „Nanu!"

DER HUND ZU HAUSE

GUTEN MORGEN SONNENSCHEIN!

Wie Hunde sich ein normales Zusammenleben vorstellen und welche Regeln ihnen dabei wichtig sind.

Im ersten Kapitel geht es um den Hund und sein Verhalten im Haus und in Kommunikation mit dir, was für Grundsätze des Zusammenlebens für Hunde wichtig sind, welche Regeln Hunde untereinander haben und wie sie sich normalerweise strukturieren, denn als Rudeltiere haben Hunde eine sehr genaue Vorstellung davon, wie ein Zusammenleben aussehen sollte und wie der Tag gemeinsam bestritten werden kann. Es beginnt morgens mit dem Aufstehen. Jedes Mal, wenn Hunde morgens aufwachen, beginnt für sie ein neues Leben, ähnlich wie bei Kindern. Es ist eben nicht selbstverständlich, morgens die Augen aufzumachen und irgendwie hat sich die Welt gerade einige Stunden ohne einen weitergedreht. Was sich wohl verändert hat und was sich heute für Möglichkeiten ergeben werden? Die Begrüßung des neuen Tages fängt für Hunde damit an, abzuklären, ob alles ist wie es war, bevor sie eingeschlafen sind. Junge Hunde tun das oft sofort, während erwachsene Hunde auch gemütlich liegen bleiben und

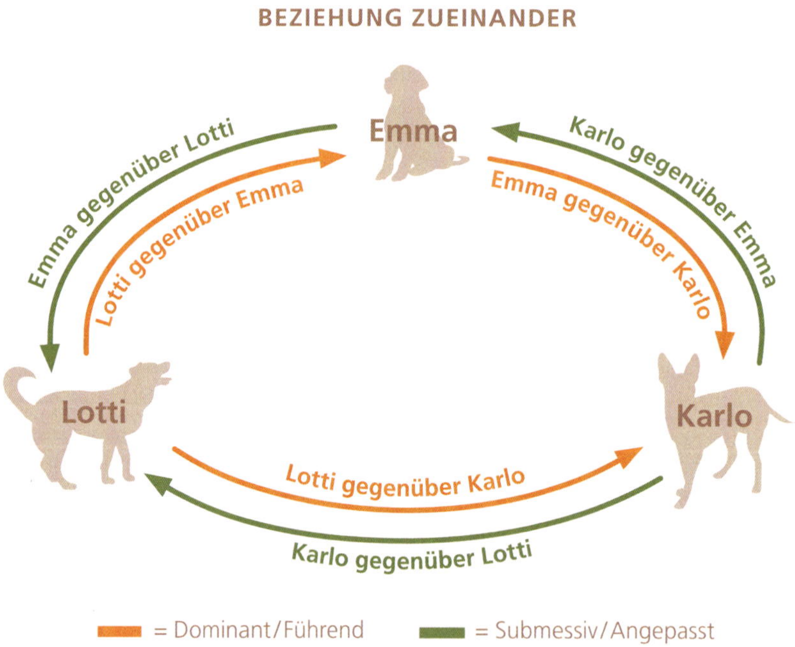

Dominanzbeziehungen sind individuell zueinander und kein Wesenszug.

erst später den Rest der Familie begrüßen. Manche Hunde brauchen diese Abklärung der Situation auch gar nicht, weil sie entweder ganz sicher in ihrer Position sind oder nur mit sich selbst beschäftigt und daher kaum Interesse für die sozialen Zusammenhänge im Haus hegen.
Weshalb ein Hund mit sich beschäftigt ist, kann viele Gründe haben. Die Rasse spielt hier eine Rolle, genau wie eventuelle Schmerzen oder einfach die Tatsache, dass der Hund bisher ohne Menschen aufgewachsen ist. Auf jeden Fall ist es nicht direkt ein Hinweis auf mangelnde Liebe oder ein Desinteresse am Menschen persönlich, wenn der Hund ihn nicht begrüßt. Hier gilt es zu differenzieren. In den meisten Fällen beginnt der Tag aber mit einer früher oder später ablaufenden Begrüßung.

IST ALLES NOCH WIE IMMER?

Wer wen begrüßt und wer sich dabei wie zeigt, ist nicht nur ein Ausdruck von Wiedersehensfreude, sondern bestätigt auch immer wieder aufs Neue, dass jeder mit seiner sozialen Stellung zueinander zufrieden ist oder eben nicht. Die Begrüßung wird dafür genutzt, Beziehungen in Frage zu stellen, Themen über Führungsqualitäten auf den Tisch zu bringen oder zu unterstreichen, dass man gern weiterhin folgen wird.

WUSSTEST DU, …
dass es keine Rangfolge bei Hunden gibt, die wie eine Leiter hoch oder runter geht, sondern dass immer nur die einzelnen Beziehungen von einem zum anderen zählen und jede Beziehung eine andere Qualität und Stellung im Leben des Hundes hat?

Sich windende, weiche Bewegungen gehören zur aktiven Unterwerfung dazu.

WAS EINE BEGRÜSSUNG ÜBER DIE BEZIEHUNG VERRÄT

Will der Hund unterstreichen, dass er sich in der Position des Folgsamen, also des angepassten Parts der Beziehung sieht, dann tut er dies über kleine Gesten aus dem Demutsverhalten. (Auf das Thema Demut werde ich später noch mehr eingehen, da dieser Begriff durch unsere Umgangssprache zu Unrecht negativ belegt ist.) Aktive Demut bedeutet, dass sich jemand annähern möchte und das möglichst höflich, deeskalierend und so süß, dass der andere ihm nichts abschlagen kann und die Nähe zulässt.

Geschlossene Augen, lockeres Wedeln mit niedrig gehaltener Rute und das Lecken mit einer entspannten Zunge über die eigene Schnauze sind Demutssignale, um zu bekunden: „Ich komme in friedlicher Absicht!“

Von unten herankriechen und das Maul des anderen anstupsen oder belecken gehört zu den höflichen Gesten einer respektvollen Annäherung. Hier wird es von einem jungen Hund gezeigt.

AKTIVE DEMUT

Jeder Hund kann und sollte aktive Demut zeigen können. Sie wird immer demjenigen gegenüber gezeigt, dem der Hund freundlich, friedlich und unterwürfig begegnen möchte.

Aktive Demut ist sehr bewegt und lebendig, und der Hund biegt den Körper dabei weich von einer Richtung in die andere. Beim Wedeln wedelt der ganze Hintern mit, die Ohren sind eng nach hinten angelegt und der Hund ist etwas aufdringlich und schmeichelt sich, teilweise richtig belästigend, bei dem sozial höher gestellten Menschen oder Hund ein. Er leckt die Hände des Menschen oder das Maul des anderen Hundes, verfolgt ihn tanzend und tippelnd und bietet oft auch immer wieder von sich aus an, sich auf den Rücken zu rollen oder ganz still stehen zu bleiben, damit der andere ihn beschnuppern oder anfassen kann.

Je jünger der Hund ist, desto häufiger und ausgeprägter zeigt er aktive Demut. Ganz junge Hunde pinkeln auch oft in ihrem Demutstänzchen, was nett gemeint ist und niedlich wirken soll. Es ist eine kindliche Geste, die den morgens aufstehenden Menschen froh und gnädig stimmen soll, aber oft eher zu Ärger führt. Je harscher der Mensch dann allerdings reagiert, desto mehr denkt der Hund, sich einschmeicheln und Mühe geben zu müssen, um Ärger zu vermeiden und pinkelt beim nächsten Mal erst recht während der Begrüßung.

Wird der Hund erwachsen, so werden seine aktiv demütigen Gesten weniger stark ausgeprägt gezeigt und seltener. Fremden Hunden gegenüber zeigen die meisten erwachsenen Hunde kaum noch aktive Demut, es sei denn, sie sind sehr früh kastriert und deswegen nicht richtig erwachsen geworden.

Am häufigsten kann man aktive Demut beobachten, wenn Hunde ihre Menschen nach einer Trennung wiedersehen und begrüßen, denn an dieser Stelle ist es wichtig, die Position wieder zu klären, seine Absichten zu unterstreichen und Konflikte zu vermeiden.

Aktive Demut wird immer in mehr oder weniger ausgeprägter Form gezeigt und ist etwas Gesundes und Freundliches, das keinesfalls zu bemitleiden wäre. Auch wir Menschen erhöhen in einer freundlichen Begrüßung, bei der wir auf jemanden zugehen und den Kontakt herstellen wollen, etwas unsere Stimme, legen den Kopf leicht schief und gehen etwas langsamer. Oft drehen wir auch die Schultern leicht ein, belasten abwechselnd den einen Fuß mehr als den anderen. Wir formen mit dem Mund kleine Gesten wie das Lippenzusammendrücken, lächeln oder räuspern uns. All das ist vergleichbar mit dem Einrollen und Biegen des Hundekörpers, dem Lippenlecken oder Nasenschlecken, dem Pföteln und Tänzeln und dem Blick-Abwenden, Blinzeln und Maulwinkel-Zurückziehen.

VERHALTENSWEISEN DER AKTIVEN DEMUT

— Zum Menschen hingehen, liegen oder stehen bleiben, wenn sich der Mensch zur Begrüßung nähert.
— Mit der Spitze der Rute schnell und weich wedeln oder mit der ganzen Rute kreisend und locker wedeln, wobei die Rute eher entspannt unten getragen ist oder sogar leicht eingerollt zwischen den Hinterbeinen. Auch ein propellerartiges Wedeln in großen, lockeren Kreisen gehört dazu.
— Körper im Stehen leicht einrollen und den Rücken nach oben rund machen, den Kopf nach unten neigen und nach

01

02

03

01 Die Beine sind abgeknickt und der Körper des Hundes rund. Der Blick geht von unten nach oben.

02 Die Rute wird bei der aktiven Demut unten getragen und wedelt ausladend mit der Spitze.

03 Das Belecken des Gesichts und der Hände in demütiger Körperhaltung wird auch Menschen gegenüber gezeigt.

Der typische „Dackelblick" ist ein Teil der Demutsgesten und soll niedlich wirken und besänftigen.

hinten biegen, sodass sich runde und weiche Formen durch den ganzen Hundekörper ziehen.

— Weiche, entspannte Muskulatur und eher eingesackte Beine.

— Schnelle, tippelnde Schritte und viel Bewegung.

— Eventuell auch ein kurzes, schnelles Schlecken über die eigene Nase, über die Hände oder das Gesicht des Menschen.

— Hektisches Hinterherlaufen und Tänzeln, Anstupsen mit der Nase und piepsende Geräusche.

KÖRPERSPRACHE DER AKTIVEN DEMUT

— Lang nach hinten gezogene Lippen

— „Niedlich" gucken, mit Kulleraugen und von unten nach oben

— Eine glattgezogene, große Stirn machen

— Ohren eng nach hinten an den Kopf anlegen

— Quietschen, fiepen und sehr helle Belllaute machen

— Beim Herankriechen unter sich pinkeln

Die aktive Demut soll „süß" und „niedlich" aussehen und löst bei uns genau diese Gefühlsreaktion aus, wenn wir sie sehen. Aktiv demütige Hunde empfinden wir als ungefährlich, freundlich und süß, als hilfsbedürftig und unselbständig. Das liegt daran, weil alle Verhaltensweisen und die Körpersprache darauf ausgelegt sind, möglichst babyhaft und kindlich zu wirken und uns damit geduldiger, gnädiger und zugewandt zu stimmen. Wer sich die Fotos dazu anschaut, wird merken, dass das ziemlich gut funktioniert.

01

01 Wer demütig begrüßt wird und seine soziale Stellung untermauern möchte, verhält sich cool und überlegen.

02 Hier zeigt das Anheben der Pfote in demütiger Körperhaltung zusätzlich: Ich wäre bereit mich auf den Rücken zu werfen, wenn es erwartet wird.

03 Bei der Inspektion durch den sozial höher gestellten wechselt die aktive Demut zur passiven und es wird still abgewartet.

04 Aktive Demut kann erwachsene Hunde richtig nerven und dazu veranlassen zu drohen und passive Unterwerfung einzufordern.

WUSSTEST DU, …
dass Hunde sich gegenseitig begrüßen, aber nicht verabschieden?

02

03

04

Ein älterer, souveräner Hund kann sich in der Anerkennung und den Bemühungen des Jüngeren sonnen.

FREUNDSCHAFTLICHE ÜBERLEGENHEIT

Ja, Freundschaft und soziale Überlegenheit funktionieren durchaus zusammen, nämlich dann, wenn man sie bewertet wie ein Hund. Während in unserem Denken die Position der Führung oft belegt ist mit dem Unterdrücken des anderen, ist das bei Hunden eine völlig andere Auffassung. Führung ist in aller Freundschaft und Zugewandtheit möglich und bedingt, dass der Führende Fähigkeiten mitbringt, die dem Folgenden nutzen, der sich deswegen freiwillig und zu seinem eigenen Wohl anschließt. Dieses Anbieten von Führung kann bereits bei der Begrüßung unterstrichen werden durch:

- Ruhige, fließende Bewegungen in großer Langsamkeit und Würde
- Körperliche Präsenz und Aufrichtung ohne sich übermäßig aufzuplustern
- Wenige bis keine Geräusche machen
- Übermäßige Aufregung und körperliches Auf-die-Pelle-Rücken klar unter-

binden und eine respektvolle Annäherung einfordern
- Dem Anderen die Möglichkeit geben, einen ein bisschen zu feiern und um die Aufmerksamkeit zu buhlen

WAS DAS FÜR DEN UMGANG BEDEUTET

Bereits in der Begrüßung kannst du dich als Führungspersönlichkeit präsentieren und deine Kompetenz anbieten. Es ist nicht unbedingt eine Aussage, ob dein Hund zu dir oder du zu ihm kommst zur Begrüßung. Du solltest aber beachten, dass die Art sich zu begrüßen, eine Aussage darüber macht, wie du dich positionierst. Wer also als Mensch während einer Begrüßung quietscht, sich auf den Boden wirft oder wild umherspringt, der gibt dem Hund, der eigentlich gerade nach einer Klarstellung der Position fragt, merkwürdige und verwirrende Signale.
Manchmal kann es gut sein, den Hund nicht zu begrüßen und sich nur um sich selbst zu kümmern. Viel wichtiger als die Frage, ob und wann der Hund begrüßt wird, ist aber, wie er begrüßt wird. Es nutzt nichts, den Hund links liegen zu lassen, bis er sich einigermaßen beruhigt hat, um ihn dann zur Begrüßung heranzurufen und in lauter aktiven Demutsgesten auszuflippen. Viel sinnvoller ist es, sich in der Begrüßung einfach ruhig, sanft und freundlich, aber souverän und klar zu zeigen und den Hund sein Tänzchen aufführen zu lassen, vielleicht sogar klar zu zeigen, wann es zu aufdringlich und zu viel des Guten wird. Damit hilft man dem Hund, bei jeder Begrüßung wieder Sicherheit zu finden, wie die Beziehung strukturiert ist und dass er sich auf die alten Muster und Rollen verlassen kann.

Anspringen können Hunde in den verschiedensten Stimmungen. Hier ist es ein aktiv demütiges Hochklettern am Menschen.

WUSSTEST DU, …
dass man es Hunden mit überschwänglichen Begrüßungen zusätzlich schwerer macht, allein zu bleiben, weil man damit vermittelt, dass es nicht selbstverständlich ist, dass man zurückgekommen ist?

DER TAG BEGINNT MIT WASCHEN UND KÄMMEN

Fühlen und Anfühlen liegen nah beieinander. Über seinen Körper drückt der Hund seine Gefühle aus und setzt ihn bewusst zur Kommunikation ein.

Auch Hunde betreiben Körperpflege. Das gegenseitige Pflegen ist ein Ausdruck von Zusammengehörigkeit, Freundschaft und dem Gefühl, füreinander zuständig zu sein. Den anderen zu versorgen und sich um ihn zu kümmern, sagt auch wieder etwas über die soziale Stellung aus, denn wer das Sagen hat, der kümmert sich auch mehr um die Verpflegung derjenigen, die folgen. So wie es normal ist, dass Eltern ihre Kinder kämmen oder ihnen etwas aus dem Gesicht wischen. Diese liebevollen Körperpflegemaßnahmen sind immer auch mit einem gewissen Zwang verbunden, sich durchs Gesicht wischen lassen zu müssen und darin findet sich auch die tiefer gehende Aussage über die Beziehung wieder. Wer wen kämmen darf und wer still halten muss, auch wenn es mal ziept, ist ein wichtiger Hinweis auf die soziale Stellung zueinander.

KOMFORTVERHALTEN

Komfortverhalten sind all die kleinen Dinge, die es einem gemütlich und körperlich angenehm machen sollen. All das Gepule am Körper, dass der Pflege dient, aber sich auch einfach nur gut anfühlt:

— Strecken
— Gähnen
— Kratzen
— Schütteln
— Sauber lecken
— Im Fell knibbeln
— Fremdkörper herauspulen
— Wohliges Brummen und Schnurren, Seufzen und Schnaufen
— Hin und her ruckeln beim Hinlegen
— Schmatzen und sortieren der Lefzen
— Kratzen und trampeln der Schlafdecke

Zum Komfortverhalten gehören verschiedene Verhaltensweisen, die du bestimmt schon bei deinem Hund beobachtet hast. Zum Beispiel, dass er sich im Kreis dreht, bevor er sich hinlegt, oder mit der Vorderpfote an der Decke kratzt, auf der er es sich gleich gemütlich machen möchte. Das sind typische Verhaltensweisen, die auf die Ruhe vorbereiten sollen. Wenn Hunde draußen liegen, dann buddeln sie sich gern kleine Erdkuhlen, in denen sie sich zusammenrollen können. Das Scharren und Treten der Erde ist sinnvoll, um eine richtig gute Liegekuhle zu bauen. So kann der Kopf etwas höher liegen als der Körper, ähnlich wie wir es mit einem Kopfkissen machen. Bei Kälte isoliert der Boden die Körperwärme etwas und wenn es sehr warm ist, kann die Kuhle tiefer gebuddelt werden und so die feuchte, kühle Erde ausgehoben werden, auf der es sich dann erfrischend liegt. Frisch aufgegraben wird die Erde weicher und gemütlicher zum Liegen. Die Verhaltensweisen, die für diese Bauwerke notwendig sind, zeigen unsere Hunde auch, wenn sie gar keine Kuhlen mehr bauen müssen. Für die Welpenpflege und Versorgung gräbt manch eine Hündin sogar in ihrer Scheinträchtigkeit (ein paar Wochen nach der Läufigkeit) das Sofa aus, zerfetzt Kissen und Polster und gräbt intuitiv eine Höhle. Auch wenn es immer wieder merkwürdige Gerüchte über das Trappeln, Kreisdrehen und Graben in den Schlafdecken gibt … Es ist einfach nur ein sinnvolles Komfortverhalten, das den Nutzen hat, den Schlafplatz gemütlich zu gestalten und ein wohliges Vorgefühl erzeugt. Ungefähr so, wie wenn wir unter der Bettdecke hin und her wackeln, die Füße aneinander reiben oder noch mal mit den Beinen strampeln. Das Gefühl dazu kannst du bestimmt gut nachvollziehen. Es macht die Gemütlichkeit perfekt und stimmt einen auf die bevorstehende Ruhe ein. Wenn ein Hund dieses Verhalten zeigt, ist das also ein gutes Zeichen dafür, dass er sich um sein eigenes Wohlbefinden sorgt und über Ruhe Selbstfürsorge betreiben kann.

Bei einem großen Altersunterschied und in der Familie zählt für die soziale Stellung immer: Alter vor Schönheit!

Wer das Sagen hat darf auch liebevoll einfordern, dass er sich jetzt kümmern möchte. Hier muss der Welpe den Wunsch der Mutter akzeptieren.

Zwangskuscheln und zärtlich aufgezwungene Pflegemaßnahmen sind eine Möglichkeit seine Position klarzumachen und trotzdem freundlich zu sein.

Ob wir Pflegemaßnahmen am Hund durchführen „dürfen", hängt auch an unserem sozialen Status der Beziehung und ob wir es uns leisten können einzufordern.

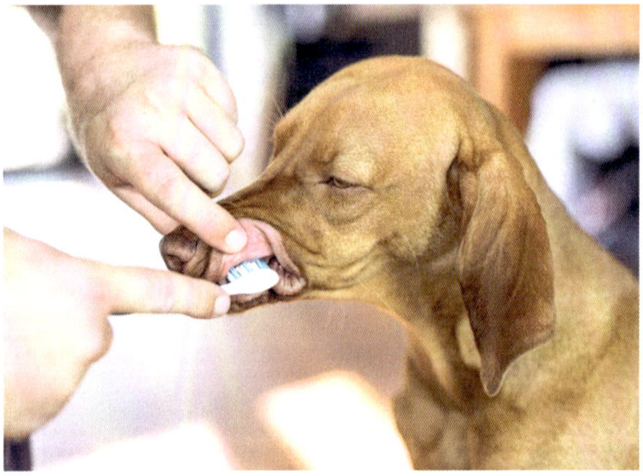

Gerade unbequeme Dinge am Körper zuzulassen ist auch eine Einstellungsfrage des Hundes dem Menschen gegenüber.

WAS DAS FÜR DEN UMGANG BEDEUTET

Körperpflegmaßnahmen gehören nicht nur zur Freundschaft, sondern sind auch ein gutes Mittel, um in einem netten Kontext etwas einzufordern und seine Stellung klarzumachen. Körperkontakt ist ein wichtiger Bestandteil, die Beziehung zu stärken und Stress abzubauen und gehört unbedingt in die Hundehaltung. Das gilt für das Streicheln und Kraulen genauso wie das Festhalten am Körper und das liebevolle Zwangskuscheln oder Einfordern zum Stillhalten beim Säubern von Füßen und Ohren oder dem Entfernen von Zecken und Ästchen aus dem Fell.

ÜBERSPRUNGHANDLUNGEN AUS DEM KOMFORTVERHALTEN

Gerade Verhaltensweisen aus dem Bereich vom Komfortverhalten werden oft als kleine Übersprunghandlungen in Situationen gezeigt, in denen ein Hund intensiv nachdenkt oder Probleme löst. Genaugenommen sind es beruhigende Gesten, die ihn auflockern sollen. So schütteln sich Hunde oft, nachdem sie sich stark zusammenreißen mussten, kratzen sich, wenn mit ihnen an der Leinenführigkeit oder einem verbindlichen „Sitz-Kommando" gearbeitet wurde oder schlecken sich über die Lippen, wenn man mit ihnen den Rückruf übt. Das wird oft fälschlicherweise mit Stress und Not gleichgesetzt. Es ist aber eher so, als wenn ein Mensch sich beim Nachdenken am Kopf kratzt oder auf der Lippe kaut, während er sich konzentriert. Diese Verhaltensweisen haben also erstmal nicht grundsätzlich etwas mit untragbarem Stress zu tun.

WAS DAS FÜR DEN UMGANG BEDEUTET

Übersprunghandlungen und selbstberuhigende Gesten werden nicht bewusst gezeigt, um etwas zu kommunizieren, sondern dienen der Selbstberuhigung. Das ist eine gute

---

WUSSTEST DU, …

dass „Calming Signals" zur Selbstberuhigung da sind, und nicht dafür, das Gegenüber zu besänftigen?

Übersprunghandlungen und selbstberuhigende Maßnahmen sind nicht gleich ein Anzeichen für Überforderung, sondern dafür, dass der Hund gerade ein Problem löst.

Sache und die Fähigkeit, sich selbst wieder in eine entspannte Lage zu bringen. Keine Sorge also, wenn ein Hund gähnt, schluckt oder sich kratzt, wenn du ihn vor eine Aufgabe stellst, für deren Lösung er sich anstrengen muss. Das ist etwas Normales und spricht nur dafür, dass dein Hund geistig gefordert ist, nicht, dass er überfordert ist. Wenn dein Hund in einer entspannten Situation ist, dann sind diese Gesten genau das, was ihr Name ausdrückt: Ein Zeichen von Wohligkeit oder der Versuch, es noch gemütlicher zu machen und sich dem Gefühl von Selbstfürsorge ganz hinzugeben.
Und auch als Demutsgeste können Verhaltensweisen wie Schmatzen und sich über die Nase Schlecken gezeigt werden. Hier kannst du trennen, ob dein Hund dich ansieht und im Kontakt zu dir über seine Nase schleckt, nachdem du ihn vom Sofa geschoben hast. Dann handelt es sich wahrscheinlich wirklich um eine Demutsgeste und soll dich beschwichtigen und gütig stimmen. Dann

Insbesondere Gähnen und Schütteln nutzen Hunde nach herausfordernden Situationen häufig, um sich wieder locker zu machen und zu entspannen.

bedeutet es, dass dein Hund dich verstanden hat und versucht, deiner Aufforderung mit angemessener Höflichkeit nachzukommen. Zeigt dein Hund das gleiche Verhalten nach dem Futtern, allein in der Küche stehend, dann leckt er einfach nur Futterreste weg oder kühlt sich im Körbchen die vom Schlafen ausgetrocknete Nase.

WER BEWEGT SICH WIE IM HAUS?

Bewegt sich der Hund im Haus, läuft umher oder nimmt Kontakt auf, so sagt die Art, wie er das tut, viel über seine Beziehung zum Menschen aus.

HÖFLICHKEIT IM UMGANG

Schon bevor es zum Spaziergang los geht, zeigen Hunde, ob sie es für angemessen halten, sich draußen nach ihrem Menschen zu richten und grundsätzlich bereit sind, ihm gegenüber Höflichkeit walten zu lassen. Nimmt der Hund bereits im Haus keine Rücksicht, so kann er es draußen erst recht nicht. Verhält er sich im Haus höflich, draußen aber nicht, dann ist es am Menschen, es dort einfach mehr einzufordern. Zu höflichem Verhalten gehören folgende Regeln im Haus, auf die der Hund achtet:

— **Körper weich machen und den Rücken etwas nach unten einrollen** Leichtes Abducken des Kopfes und vielleicht sogar ein kleiner Bogen, den ein Hund läuft, sind Zeichen für Höflichkeit und freundliche Kontaktaufnahme. Manche Hunde zeigen das sehr stark ausgeprägt, insbesondere, wenn sie jung oder im Sozialkontakt etwas unsicher sind. Das heißt nur, dass sie sich besonders viel Mühe geben und es eventuell etwas übertreiben mit der Höflichkeit. Es ist also erst einmal kein Grund zur Sorge, wenn ein Hund sehr geduckt zu jemandem schleicht, dabei die Ohren anlegt und unterwürfig von unten hochschaut.

— **Abstoppen oder langsamer werden vor einer Annäherung** Insbesondere fremden Menschen gegenüber ist es normal und freundlich für einen Hund, erst einmal kurz abzustoppen, zu schauen oder mit etwas Abstand den Blickkon-

Respektvoller Umgang mit dem Körper von Menschen und Hunden ist etwas, was Hunde im Umgang erlernen müssen.

takt zu suchen und zu wedeln, bevor er in den körperlichen Kontakt geht. Umgekehrt gilt das selbstverständlich genauso. Auch einen fremden Hund sollte man erst mit etwas Abstand ansprechen, Blickkontakt suchen und abwarten, ob er auch Kontakt möchte, bevor man ihn anfasst. Manch ein Hund fordert diese respektvolle Kontaktaufnahme mit den Zähnen ein und beißt, wenn er einfach so angefasst wird.

— **Vorsichtig am Körper des Menschen anlehnen oder ankuscheln** Das Anlehnen und Ablegen des Kopfs auf dem anderen können ein Zeichen von Verbundenheit und Vertrauen sein. Dazu gehört, dass es vorsichtig und liebevoll ausgeführt wird und sich der Hund in seiner Körpersprache eher demütig zeigt. In einer imponierenden, steifen Körperhaltung, vielleicht sogar mit Drohgesten wie Anstarren und Zähnezeigen verbunden, kann so ein „Auf-die-Pelle-Rücken" auch ganz schön unfreundlich gemeint sein, frei nach dem Motto „Mit dir kann ich es ja machen!"

— **Darauf achten, den Menschen nicht zu kratzen oder zu treten** Hunde können sehr genau einschätzen, wer wo liegt und wie man sich ausbreiten kann, ohne den anderen vom Kopfkissen zu schieben. Wenn er es lernen darf. Es muss nicht immer bös' gemeint sein, wenn der Hund mal versucht, mehr Raum einzunehmen, aber er wird sich trotzdem merken, ob er den Menschen nach Gutdünken bewegen kann, wenn er sich nur möglichst ungemütlich verhält.

Wer Rücksicht nimmt, kann auch Privilegien genießen.

— **Ausweichen und den Menschen bewusst durchlassen** Man darf erwarten, dass ein Hund den Menschen durchlässt, wenn er mitten im Weg liegt. Auch der Hund weiß, welche Gänge im Haus wichtige Zugangsstraßen sind und wo man erwarten kann, nicht im Weg zu sein.

— **Ohren zurücklegen und mit Dackelblick von unten hochschauen** Diese Demutsgeste gehört ebenfalls zur Höflichkeit. (Alle körpersprachlichen Ausdrücke von Demut tun das.) Demut hat absolut nichts mit Angst zu tun und sollte auf keinen Fall damit verwechselt werden! Eine demütige Körperhaltung ist also in keiner Weise etwas Schlechtes und spricht nur dafür, dass der Hund sich bemüht, höflich zu sein und nicht anzuecken.

— **Rute niedrig halten und bei Kontakt sanft und federnd wedeln** Auch das gehört zum Demutsverhalten. Eine eher niedrig gehaltene Rute, die sich sehr weich und schwingend bewegt und eher mit der Rutenspitze wedelt, ist so etwas wie ein höfliches Lächeln beim Menschen mit einem kleinen Kopfnicken. Ein Versuch, respektvoll zu grüßen und seine freundlichen Absichten zu unterstreichen.

— **Deine Distanz wahren, wenn du gerade isst** Dass Hunde beim Fressen Distanz einfordern, ist normal. Auch sie mögen es nicht, wenn man ihnen ständig zu nah kommt, während sie futtern. Genauso wie der Mensch den Hund nicht beim Fressen nerven sollte, darf auch ein Hund Distanz wahren, während der Mensch isst.

— **Den Menschen in Ruhe lassen, wenn er Ruhe will** Hunde merken anhand der Körpersprache sofort, ob der Mensch beschäftigt ist oder etwas nicht möchte.

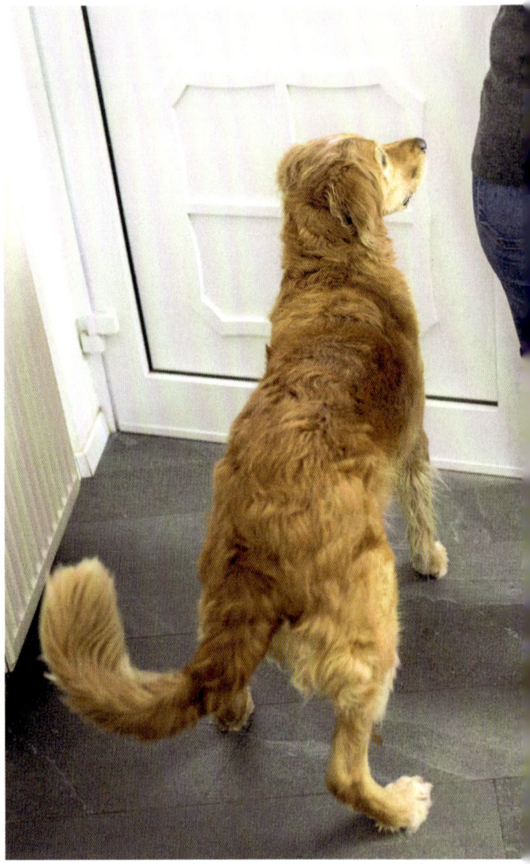

Sich vorbeidrängeln und schubsen gilt auch unter Hunden als respektlose Geste.

WAS DAS FÜR DEN UMGANG BEDEUTET

Höflichkeit wird dann gezeigt, wenn sie auch eingefordert wird. Der eine Hund braucht das mehr, der andere weniger. Das demütige Annähern ist also die aktive Demut. Immer wenn der Hund selbst näherkommen möchte und sich dabei demütig zeigt. Die eingeforderte Demut nennt man passive Demut. Im späteren Teil dieses Buches erfährst du noch mehr zur passiven Demut.

Die Regeln der Höflichkeit im Zusammenleben nicht einzufordern, ist unfair dem Hund gegenüber, denn wir haben die Auf-

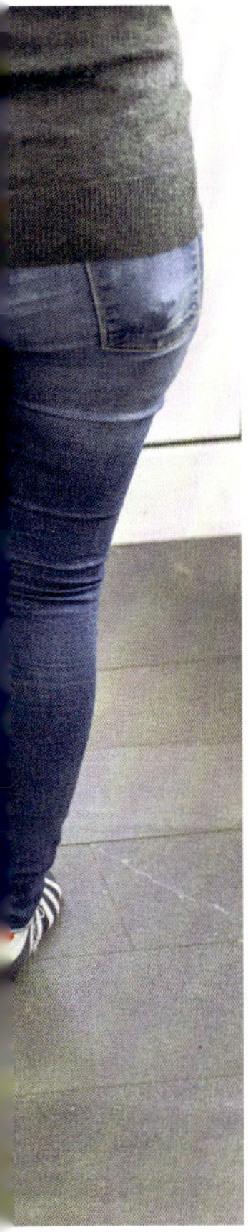

Wer einen entspannten Hund möchte, der nicht bettelt, der sollte einfach klarmachen, dass es am Tisch nie etwas zu holen gibt.

gabe der Erziehung übernommen und sind dafür verantwortlich, den Hund auf das Zusammenleben mit anderen vorzubereiten. Selbst wenn es uns nicht stört, wenn der Hund sich unhöflich verhält, andere Hunde wird es stören und sie werden erzieherisch heftig eingreifen, wenn wir als Erziehungsverantwortliche unserer Aufgabe nicht nachkommen. Führung ist keine Gewalt über den anderen, sondern basiert auf freiwilliger Hingabe in kompetente Hände. Deshalb wirst du Führung niemals erzwingen und auch nicht herbeifüttern, andressieren oder mit Kommandos antrainieren. Du wirst beweisen müssen, dass du es „drauf-hast", Entscheidungen zu treffen und diese glaubhaft umzusetzen. Das kannst du bereits im Haus tun, indem du klar und souverän und mit Taten statt mit Worten durchsetzt, dass der Hund sich höflich im Raum bewegt.

WUSSTEST DU, …

dass die ungeschriebenen Regeln der Höflichkeit im Haus bei Hunden genauso sind wie bei Menschen? Hausherr und Hausherrin bieten beispielsweise auch Essen oder Trinken und weisen Sitzplätze zu. Wer zu Besuch ist, geht nicht einfach in alle Räume, ohne zu fragen.

WO HUNDE GERN LIEGEN UND WARUM

Wie man sich bettet, so liegt man. Oder besser: Wo Hund sich bettet, so fühlt er sich in der Beziehung.

Kontrollieren zu können wer kommt und geht ist vielen Hunden sehr wichtig. Manchmal artet das für sie richtig in Stress aus und macht sie unruhig und dünnhäutig.

Hunde liegen viel. Manche gern in der Nähe des Menschen, andere mit etwas Abstand. Das ist typabhängig. Liegeplätze sind für Hunde alles andere als willkürlich gewählte Orte. Das Verfügen darüber, wer wo liegen darf, sagt viel mehr aus. Ein guter Liegeplatz ist immer auch eine wichtige Ressource. Während man lange dachte, das Sofa sei der wertvollste Ort für Hunde, so wird mit etwas Differenzierung klar, dass dem keinesfalls immer so ist. Die Frage des Wertes richtet sich viel mehr nach dem Interesse des Hundes. Möchte er immer mitbekommen, wenn sich jemand bewegt oder das Haus verlässt, weil er vielleicht kontrollierend ist, oder Sorge hat, allein gelassen zu werden, so wird der Platz mitten im Weg oder vor der Haustür am wertvollsten sein oder vielleicht auch immer ganz nah beim Menschen mit einer Pfote auf dem Fuß, um sofort zu bemerken, wenn dieser aufsteht. Diese Kontroll-Liegeplätze können immer wieder zu Verwirrung führen, weil so auch häufig Besucher in Schach gehalten werden, während die noch glauben, es handle sich hier um eine liebevolle Annäherung. Die Frage danach, ob es nett gemeint ist oder eine Form der Einschränkung, beantwortet sich meist schnell, wenn man fragt, ob der Hund den Menschen wirklich so gut und lange kennt, dass er ihn derart lieben könnte, dass er ihm nicht von der Seite rücken mag.

Für Hunde, die starkes Territorialverhalten zeigen, sind oft Liegeplätze am wertvollsten, die eine besonders gute Einsicht in alle Zimmer oder zumindest Eingangstüren bieten. Hunde, die gern jagen, halten sich oft am Fenster auf, um Vögel und andere Tiere zu beobachten und sich gedanklich mit ihrem Hobby zu beschäftigen. Hunde, die ihren Menschen einschränken möchten und versuchen, die Führung zu übernehmen, liegen gern besonders demonstrativ im Hauptweg der Wohnung oder immer dort, wo der Mensch ihnen ausweichen muss.

Um einzuschätzen, warum welcher Platz für den eigenen Hund der beste ist, bedarf es einer genauen Betrachtung des Hundes. Hat er dickes Fell und schwitzt ständig? Dann ist es naheliegend, dass er eher die kalten Fliesen vorziehen wird. Mag er es weich und warm, so wird er gern mit auf dem Sofa liegen wollen. Es bleibt also, dass das „Wo“ sehr individuell ist. Klar ist aber, dass der Liegeplatz von Hunden mit Sorgfalt gewählt wird und etwas über sie verrät.

Da wo Futter ist, kommt es besonders oft zu Beißvorfällen, wenn Hunde schon durch die Anwesenheit von Fressbarem Aggressionen zeigen.

WAS DAS FÜR DEN UMGANG BEDEUTET

Grundsätzlich ist es kein Problem, den Hund liegen zu lassen, wo er gern möchte. Es sei denn, gerade die Wahl seines Platzes spiegelt ein grundsätzliches Problem wider. Jagt er beim Spaziergang und kann nicht ohne Leine laufen, dann ist es sinnvoll, das Jagen mit den Augen am Fenster bereits zu unterbinden. Bellt er ständig, weil er alles bewachen möchte, oder beißt Besucher, dann ist es gut, ihm das Kontrollieren und Eingrenzen zu entziehen. Ein Liegeplatz, der ständige Aufregung mit sich bringt, ist ungünstig für Hunde, die zur Ruhe kommen sollen.

Zusammenfassend kann man sagen, dass es gut ist, Ressourcen zu verwalten, sobald es zu Problemen im Zusammenleben kommt, egal, ob diese im Haus auftauchen oder draußen. Wichtig ist dabei nur die Frage, ob der Mensch darüber bestimmen kann, wo der Hund sich aufhalten darf und nicht, wo der Hund sich aufhält – und das ohne ständig ein Kommando wiederholen zu müssen.

Auch das „zufällige" Liegen an wichtigen Durchgangsorten kann als Kontrolle und sogar Ausdruck der Überlegenheit genutzt werden.

KUSCHELN AM MORGEN VERTREIBT KUMMER UND SORGEN

Körperkontakt ist ein Grundbedürfnis. Dem Hund steht es zu angefasst und gehalten zu werden, sowohl beim Kuscheln als auch im Konflikt.

Bevor es in die Welt hinaus geht, wird erst einmal gekuschelt. Wie nah man sich kommt, wer auf wen achtet und wie man ganz allgemein mit dem Körper von anderen umgeht, lernen Hunde ebenfalls hier im Haus an ihren Besitzer:innen und deren Ansprüchen. Hunden ist es sehr wichtig, wie mit ihrem Körper umgegangen wird und sie gehen auch sehr bewusst mit den Körpern von Menschen und anderen Hunden um. Während Welpen von erwachsenen Hunden oft noch eine gewisse Tollpatschigkeit zugestanden wird, fangen sie spätestens bei Hunden in der Pubertät an, klare Grenzen zu setzen, was die körperliche Annäherung angeht. Oft sind sie dabei sehr streng und unterbinden nahes Vorbeirennen oder wilde Spiele in direkter Nähe unmissverständlich mit Drohungen oder sogar einem gezielten Biss oder einem Umwerfen auf den Boden. Manche Hunde sind da strenger als andere und die Individualdistanz kann je nach Hundetyp ein bisschen variieren. Bei zwei Hunden im Haus kann das bedeuten, dass der höhergestellte dem anderen verbietet, sich schnell zu nähern, um sich anzukuscheln, oder dass er zwar selbst dem anderen Körperpflegemaßnahmen zukommen lässt, selbst aber nicht gepflegt werden möchte. Ihren Bezugspersonen gegenüber zeigen Hunde ihren Respekt damit, dass sie vorsichtig mit ihnen umgehen.

WUSSTEST DU, …
dass erwachsene Hunde eine wunderbare Einschätzung ihrer Körperkraft und der Bedeutung von Zerbrechlichkeit und Schmerzempfinden anderer haben und nicht zufällig gegen Beine laufen oder ausweichen?

DAS WIE IST ENTSCHEIDEND

Hunde sind sehr körperlich in ihrer Kommunikation. Sie schubsen, drängeln, spielen, rangeln und liegen eng beieinander. Wenn ihnen etwas nicht passt, reagieren sie mit der Androhung von körperlicher Maßregelung, und wenn das nicht ausreicht, dann lassen sie den Drohungen Taten folgen. Oft sparen sie sich das Drohen auch völlig.

WAS DAS FÜR DEN UMGANG BEDEUTET

Wie ein Hund mit dem Körper des Menschen umgeht, zeigt sich bereits auf dem Sofa oder an anderen Stellen im Zusammenleben im Haus. Das hat tatsächlich Auswirkungen auf viel mehr als auf die Frage, ob ein Hund sich so an den Menschen „ranklatscht", dass der blaue Flecken bekommt, oder ob er sich direkt auf dem Gesicht des Menschen liegend gründlich kratzt und ihn dabei mit dem Knie tritt. Es legt insgesamt fest, wie rücksichtsvoll ein Hund mit Menschen umzugehen lernt. Nichts, was man tut, einfordert oder durchgehen lässt, wirkt nur in diesem Moment.

Hunde sind in der Lage zu lernen, dass sie sich vorsichtig an den Menschen legen sollen, dass ein Gesicht kein Kopfkissen ist und Kratzen, Schlecken und Zappeln nichts im Bett verloren haben, wenn der Mensch daneben gerade schlafen möchte. Auch Hunde fordern von anderen Hunden einen gewissen Respekt ihrem Körper gegenüber ein und erwarten Rücksichtnahme auf Schlaf- und Ruheplätzen.

Hunde setzen ihre Regeln deutlich mit einer authentischen Körpersprache und auch körperlichem Eingreifen durch.

GRUNDSÄTZLICHES ZU HUNDEVERHALTEN UND ZU BEDÜRFNISSEN

Die Regeln des Zusammenlebens bei Hunden ähneln denen der Menschen sehr. Deswegen ist es auch leicht verständlich für Hunde, wenn wir diese vermitteln.

Das Verhalten im Haus hat immer auch etwas mit dem Verhalten an der Leine und ohne Leine zu tun. Hier ist ein guter Zeitpunkt, um einmal tiefer in das Verständnis des Hundeverhaltens einzusteigen. Solange wir nun noch zu Hause auf dem Sofa sitzen, gibt es jetzt also einen kleinen Exkurs zu dem, was für Hunde ganz grundsätzlich wichtig ist und wie sie ihre sozialen Strukturen ordnen, denn ohne dieses Wissen fällt es schwer zu verstehen, warum Hunde untereinander anders miteinander umgehen als wir es mit ihnen tun und weshalb das immer wieder zu Missverständnissen zwischen Hund und Mensch führt. So ähnlich wir uns auch sind, in den Momenten, in denen wir unterschiedlich sind, kommt es zu den größten Problemen im Zusammenleben.

WAS HUNDEN WICHTIG IST

Hunde finden es grundsätzlich wichtig, wer sich wie einem anderen nähern darf bzw. wer darüber verfügen darf, wer wen bewegt.

Wer wen wie lange beschnuppern darf und wer wie steht um sich beschnuppern zu lassen sagt viel darüber aus, wie sich die Hunde in dieser Konstellation sehen.

Bei Menschen ist das nicht anders. Es ist zum Beispiel eine Frage des Respekts, wer zu wem geht, um sich vorzustellen. Genauso wie auch wir intuitiv davon ausgehen, dass wir jüngere Menschen eher anfassen dürfen, um sie irgendwo hin oder zur Seite zu schieben als ältere Menschen. Auch in kritischen Situationen oder in der Politik, also da, wo es viel um soziale Stellung geht, ist es wichtig, wer wen anfassen darf, wer wem die Hand auf die Schulter legt oder zum anderen hingeht.
Diese Regeln werden nicht erfunden, sondern sind von unserem natürlichen Sozialverhalten abgeleitet. Auch wir leben in sozialen Strukturen und soziale Stellung und Führung hat in Wirklichkeit nichts mit Gewalt oder einer sadistischen Machtausübung zu tun, sondern ist ein gemeinsames Übereinkommen. Das Sich-Einfinden in eine passende soziale Stellung bringt Harmonie und die Möglichkeit, miteinander mehr zu schaffen. Damit das funktioniert, ist es ganz natürlich, dass sich soziale Gruppen und Lebensgemeinschaften entwickeln, die sich immer wieder ändern können, wenn neue Mitglieder dazu kommen oder einzelne Mitglieder erwachsen werden. Konflikte sorgen dafür, dass diese Strukturen immer wieder bestätigt bzw. neu strukturiert werden und ein anderer die Führung übernimmt. Darum kann man „ein großes Trara machen" oder es als den natürlichen und für alle nützlichen Umgang ansehen, der es ist.
Hunde leben ebenfalls in solchen hierarchischen Strukturen. Das bedeutet, dass der Eine mehr bestimmen darf als der andere, dass beide aufeinander achten und sich einmal anpassen und ein anderes Mal erwarten, dass sich der andere anpasst, und dass immer wieder darum gestritten werden muss, wessen Bedürfnisse in bestimmten Momenten die höhere Priorität haben und wer sich durchsetzt mit seinem Anspruch. Es ist also viel komplexer und lebendiger als irgendein „Ich Chef, Du nix!-Blabla".

Klarheit im „Nein" und liebevolle Zuwendung sind die beste Mischung.

In einer sozialen Struktur braucht es jemanden in der Gruppe, der die Führung übernimmt zum Wohle aller. Wer zu solchen Strukturen ein negativ belegtes Verhältnis entwickelt hat und Führung und den Anspruch darauf verwechselt mit Spaß daran, andere zu unterwerfen, der darf dringend seine Einstellung überdenken. Das gilt sowohl für denjenigen, der so etwas lebt, als auch für diejenigen, die jede Führung verteufeln, weil sie glauben, dass das irgendetwas Schlechtes für den Geführten beinhaltet. Wer führen will, der darf Ansprüche stellen und erwarten, dass ihm gegenüber respektvoll und mit mehr Höflichkeit begegnet wird.

01

02

WIE LEBEN HUNDE, WENN SIE SELBST ENTSCHEIDEN DÜRFEN?

Wer mit seinem Hund nun auf dem Sofa sitzt und seinen Morgenkaffee trinkt, der kommt vielleicht zu der Frage, ob der Hund eigentlich auch gleich zum Spaziergang aufbrechen würde, wenn er uns nicht hätte. Ob er wiederkommen oder immer weiterlaufen würde und wie das eigentlich mit dem Futter ablaufen würde, wenn der Hund selbst entscheiden könnte, wann er frisst oder wen er draußen trifft. Wie der Hund wohl leben würde, wenn wir nicht alles vorgeben würden. Der Tagesablauf unserer Hunde wird immerhin von uns bestimmt. Unser Gartenzaun sorgt dafür, dass sich der Hund nicht frei bewegen kann, und wenn die Kühlschranktür geschlossen ist, dann gibt es auch kein Futter.

An vielen Enden unserer Erde haben sich verwilderte Haushunderudel gebildet, die man erforschen und beobachten kann. Dabei wird klar, was Hunde tun, wenn sie selbst über alles verfügen dürfen. Und das ist wahnsinnig spannend, denn es erklärt so viele Probleme, die wir hier mit unseren Hunden haben. Es fängt damit an, dass die wild lebenden Hunde sehr, sehr viel schlafen und ruhen. Sie gehen nicht spazieren, sie laufen wenig umher und bleiben an einem recht übersichtlichen Ort zusammen. Allein also das ständige Betreten immer wieder neuer Territorien und Wege ist für unsere Hunde eine aufregende Neuerung, die sie allein nicht unternehmen würden. Das erklärt auch die übermäßige Aufregung mancher Hunde an Orten, die sie bisher nicht kannten. Das soll nun keine Anweisung sein, weniger spazieren zu gehen, aber doch den Gedanken zu beachten, dass schon ein ganz banaler Spaziergang ohne Kunststücke, Suchspiele und Aufgaben für Hunde etwas Aufregendes ist, was sie emotional bewegt. Sie gehen nicht einfach nur spazieren, sie erkunden die Welt!

Ein weiterer Punkt, den man beobachten kann, ist, dass sich das Fressverhalten wilder Hunde ändert. Keiner der Hunde frisst ohne Ende. Gerade die verwilderten Rudel werden in vielen Ländern von Einheimischen gefüttert und bekommen Lebensmittelreste im Überfluss. An diesen Rudeln kann man sehen, was passiert, wenn die Hunde sich keine Sorgen um neues Futter machen müssen. Sie werden mäkeliger, schauen genau, was sie mögen und was nicht und lassen Reste liegen, wenn sie satt sind.

03

01 *Das Leben auf der Straße kann ganz schön hart und kurz sein. Andererseits birgt es auch Möglichkeiten, die ein Hund in unserer Welt nicht hat.*

02 *Hunde in Freiheit liegen viel herum und beobachten die Welt. Straßenhunde verhalten sich oft ganz anders als unsere Hunde hierzulande.*

03 *Aggressionsverhalten zeigen Hunde überall auf der Welt. Während wir es oft als störend empfinden, ist es anderenorts erwünscht.*

Je zuverlässiger das Futter zur Verfügung steht, desto weniger übergewichtig sind sie. Ganz anders dort, wo es immer wieder zu abwechselndem Mangel und Überfluss kommt. Dort fressen die wilden Hunde so viel es geht, wenn sie etwas zur Verfügung haben. Dort, wo ständig Mangel herrscht, wird alles genommen, was fressbar ist. Es entwickelt sich also ein realistischer Hunger und angepasstes Sättigungsgefühl bei Hunden, wenn ihr Futter nicht verwaltet wird.

Der letzte Punkt, den ich hier im Hinblick auf Probleme im Umgang mit unseren Hunden erwähnen möchte, ist das ausgeprägte Territorialverhalten der wilden Hunde. Sie vertreiben Menschen und fremde Hunde mit lautem Gebell, sie jagen freilaufende Hunde fort und sie können wirklich unangenehm bissig werden, wenn sich jemand auf ihrem Gebiet frei bewegt. Sie schaffen sich sogar eigene Landesgrenzen an Straßen und Wegen und verbellen dort hinter einer Art imaginärem Zaun die vorbeifahrenden Autos. Dieses Verhalten, das wir als Pöbeln am Gartenzaun und Leinenaggression kennen, ist also urhündisch und wird auch gezeigt, wenn kein Mensch sich einmischt. Was auch beobachtet werden kann bei Hunden, die über viele Generationen ohne menschliche Erziehung leben, ist, dass sie seltener in dumme Konflikte kommen. Wenn sie sich prügeln, dann nicht um unwichtige Dinge. In den Hundegruppen vieler Herdenschutzhunde, die ohne jede Erziehung, ohne Kastration und Tierärzt:innen leben, die ihre Wunden flicken, gibt es kaum kämpferische Auseinandersetzungen. Hunde wägen ab, ob sich ein Kampf wirklich lohnt. Auch unsere Hunde wissen, dass wir sie „retten", dass sie versorgt werden, wenn sie verletzt sind und dass wir lieber unser eigenes Leben aufs Spiel setzen, um sie aus einer Streiterei um Nichtigkeiten herauszuholen, als sie für einen selbst angefangenen Streit gerade stehen zu lassen.

Das ist in unserer Gesellschaft zwar notwendig und manchmal sogar richtig, macht unsere Hunde aber auch unüberlegter und streitsüchtiger und sorgt für viel mehr Ärger als dort, wo die Hunde für ihre Taten ausschließlich selbst die Verantwortung tragen müssen.

WUSSTEST DU, …

dass es auch Länder gibt, in denen Straßenhunde gar nicht so schlecht leben, gefüttert werden und Rudel gründen?

In einer guten Betreuung geht es gesittet und ruhig zu. Jeder muss sich dafür anpassen und zurücknehmen. Für manche Hunde ein ganz neues Erlebnis.

WAS DAS FÜR DEN UMGANG BEDEUTET

Nicht mangelndes Vertrauen in unsere ständige Überwachung oder Einmischung macht Hunde sozial inkompetent oder auffällig im Verhalten, sondern das Gegenteil. Hunde müssen lernen, sich selbst zu regulieren und abzuwägen, was sie wann tun und ob es schlau ist, sich so oder so zu verhalten. Dafür brauchen sie eigene Erfahrungen, in denen sie Selbstwirksamkeit erleben und ihre Kompetenzen ausbilden können. Wir Menschen dürfen dafür wieder lernen, unseren Hunden und deren Wissen mehr zu vertrauen und das gesunde Mittelmaß zwischen Kontrolle und Abwehr von Gefahren für den Hund zu finden, damit wir ihn nicht vor lebensnotwendigen Erfahrungen bewahren und damit künstlich inkompetent und abhängig von uns halten. Ein Zusammenkommen und Auskommen-Müssen mit anderen Hunden ist dafür sehr wichtig und wirksam. In einer festen, betreuten Hundegruppe darf der Hund regelmäßig Erfahrungen sammeln und wird dabei von einer ausgebildeten und kompetenten Person überwacht. Gute Hundetrainer:innen und Hundebetreuer:innen können dieses Mittelmaß finden und die Gesamtübersicht über eine Hundegruppe behalten. Wer keinen zweiten Hund im Haus hat, sollte insbesondere mit sehr jungen Hunden unbedingt dafür sorgen, dass sein Hund öfter als über eine wöchentlich stattfindende Welpen- oder Junghundgruppe hinaus Kontakte zu anderen Hunden pflegt. Damit ist ganz explizit nicht das ständige Aufeinandertreffen mit möglichst vielen fremden Hunden auf Spaziergängen gemeint. Diese Kontakte können sogar eher schädlich als nützlich werden. Es geht um eine feste Gruppe, in der nur ab und zu mal ein einzelner Hund neu dazu kommt. Eine Gruppe, in der der Hund über mehrere Stunden am Stück verweilen kann, mehrmals die Woche wiederkommt und am besten sogar ohne die Besitzer:innen sein darf.

FACHBEGRIFFE AUS DER HUNDEWELT

Wer jetzt auf dem Sofa sitzt, den Hund nachdenklich hinter dem flauschigen Ohr krault und sich mit dem Gedanken beschäftigt, was dieser wohl ohne ihn wäre, kommt sicher bald zu der Frage, ob sein Hund ein eigenes Rudel bilden oder finden würde. Aber was bedeuten diese Begriffe eigentlich wirklich? Wir sagen zwar umgangssprachlich, dass wir das „Rudel" des Hundes sind, das stimmt aber so nicht. Auch der Begriff „Dominanz" wird oft falsch verstanden und angewendet. Beides sind aber wichtige Themen im Zusammenleben mit dem Hund, der ein Rudeltier ist und in hierarchischen Strukturen lebt. Nur sehen die oft anders aus als gedacht.
Hier kommt ein bisschen sinnvolles „Klugscheißerwissen" für die Hundewiese und für den Umgang mit dem Hund im Haus:

DOMINANZ

„Der ist aber dominant!" Damit ist normalerweise gemeint, dass ein Hund konfliktbereit ist und eine hohe, soziale Stellung, oder Privilegien einfordern möchte. Dominanz ist aber kein Wesenszug und keine Eigenschaft, sondern beschreibt nur die Beziehung zwischen zwei Hunden. Darin kann der eine Hund dominant gegenüber dem anderen Hund sein. Einen dritten Hund gegenüber verhält es sich aber wieder komplett anders. Außerdem spricht man nur dann in einer Beziehung von Dominanz, wenn das nicht dominante Gegenüber, also der sogenannte „submissive" Part der Beziehung seine Position anerkennt und akzeptiert. Dominanz in einer Beziehung beruht also darauf, dass beide ihre Stellung akzeptieren und hinnehmen, und ist in jeder Zweierkonstellation neu zu verhandeln und anders. Damit es überhaupt zu einer Einstufung

Ein Rudel ist eine Fortpflanzungsgemeinschaft und heißt nur so, wenn die Hunde wirklich eine Familie gründen und Nachkommen zeugen.

WUSSTEST DU, …

dass die Rudelführer nicht immer vorweg laufen oder zuerst fressen, sondern situativ entscheiden, wie sie es jetzt gerade gern hätten?

von dominant und submissiv kommen kann, bedarf es einer Beziehung der Hunde untereinander und nicht nur einem kurzen, zufälligen Aufeinandertreffen.
Ein Rudel bezeichnet eine sogenannte Fortpflanzungsgemeinschaft. Man könnte auch Familie sagen, also nur Tiere, die miteinander verwandt oder „verschwägert" sind. Das bedeutet, dass die Elterntiere von Natur aus „die Hosen anhaben" und damit die Führung der Gruppe übernehmen. Führung übernehmen heißt keinesfalls alles selbst zu machen oder alles zu bestimmen. Im Gegenteil, es heißt alles bestimmen zu dürfen, nicht es ständig tun zu müssen! Der schlaue Anführer lässt aber jeden das machen, was der Gruppe dienlich ist und koordiniert die Gruppe danach, dass es ihm gefällt und möglichst zum Wohle aller ist.
Wer anführt, hat das große Ganze im Auge und lässt die anderen trotzdem ihre Entscheidungen für sich selbst treffen. Er kontrolliert nicht sämtliche Kontakte, greift nicht in Streitereien ein und schützt auch nur dann, wenn es wirklich wichtig ist oder ernsthaft gefährlich wird.
Jeder im Rudel hat Verantwortung für sich und seine Taten und pflegt individuelle Kontakte zu anderen, in die sich die Rudelführer nicht einmischen, weil es sie nichts angeht. Menschen verwechseln ihre Aufgabe oft mit einer gewissen Überverantwortung, denken für nahezu alles im Leben des Hundes zuständig und verantwortlich zu sein und dem Hund sämtliche Verantwortung für sich selbst abnehmen zu müssen.

Junge Hunde müssen Erfahrungen machen dürfen. Eingreifen sollte man nur, wenn es wirklich gefährlich wird für das kleine Wesen.

Das ist aber spätestens mit Eintritt in das Erwachsenenalter des Hundes übergriffig und unnötig und kann dem Hund die Chance auf das Gefühl von Selbstwirksamkeit und wichtige soziale Erfahrungen nehmen. Da wir mit unseren Hunden nicht verwandt sind und auch keine Nachkommen als Paar großziehen, sind wir auch kein Rudel. Auch von uns zusammengeführte Hunde, die nicht aus einer Familie kommen, sind kein Rudel, sondern eine gemischte soziale Gruppe.

Wir erfüllen allerdings eine ähnliche Funktion wie die sozial Höchstgestellten in einer Hundegruppe, insbesondere, wenn der Hund als Welpe zu uns kommt, vergleichbar mit den Elterntieren im Rudel und haben ebenfalls die Aufgabe der Erziehung und Koordination. Außerdem ist es an uns, Situationen einzuschätzen und zu bestimmen, wer sich wo und wie verhalten darf, damit es zu keinem Schaden kommt. Für Hunde, die bei uns aufwachsen, sind wir erziehungsverpflichtet, denn das Unterlassen von Erziehung an einem sozialen Lebewesen ist gleichzusetzen mit sozialer Vernachlässigung und schadet dem Hund lebenslang, indem es ihn inkompetent und unselbstständig bleiben lässt.

WAS DAS FÜR DEN UMGANG BEDEUTET

Der Hund braucht Strukturen, Regeln und jemanden, der sie fair und nachvollziehbar durchsetzt. Das können andere Hunde im Haushalt sein und bestenfalls die Menschen, die die Verantwortung für den Hund tragen. Es ist völlig in Ordnung, wenn einige Menschen in der Familie diese Rolle nicht haben, zum Beispiel kleinere Kinder. Zu erwarten, dass ein Hund ein Kleinkind als sozial höhergestellt ansieht, ist gefährlich und für den Hund nicht nachvollziehbar. Deswegen sollte niemand erwarten, dass Kinder besondere Privilegien gegenüber dem Hund durchsetzen dürfen. Wenn überhaupt, genießen sie als „Welpen" eine gewisse Narrenfreiheit. Geht es aber um einen Interessenkonflikt, so ist es nachlässig, Kindern zu vermitteln, dass sie sich gegen den Hund und seinen Willen durchsetzen sollen. Dieses Privileg steht nur den erwachsenen Menschen zu, die in der Beziehung die Führung übernehmen.

Auch wenn Hunde ihren Menschen als sozial höhergestellt ansehen, heißt das nicht, dass sie sich Dritten gegenüber immer respektvoll oder freundlich verhielten. Die Beziehung zu Dritten hat erstmal nichts mit der Beziehung zu den Besitzer:innen zu tun. Erst wenn diese sich verwaltend einbringen und abverlangen, dass sich der Hund im Kontakt zu anderen so oder so verhält, wird der Hund es auch zeigen.

Solange die Führungspersönlichkeit nicht klar macht, was sie einfordert, gilt für den Hund immer, dass alles erlaubt ist. Hunde untereinander machen nur klar, was sie nicht wollen, und solange sie sich nicht beschweren, ist für alle anderen klar, dass ihr Verhalten in Ordnung ist. Wer dem Hund nicht verdeutlicht, was er lassen soll, der verhält sich damit ihm gegenüber unfair, denn auch wenn dieser sich über Bestätigung des gewünschten Verhaltens freut, so ist es für ihn schwer oder gar nicht erkennbar, wieso er das ungewünschte Verhalten lassen sollte.

WÜRDE EIN HUND EINEN ANDEREN HUND ERZIEHEN WOLLEN?

Wenn Hunde also in Gruppen zusammenleben und sogar lebenslange Beziehungen eingehen, wie ist es dann eigentlich mit dem Gedanken der Erziehung unter Hunden? Haben Hunde einen erzieherischen Anspruch aneinander? Hunde haben ein großes Verständnis für Höflichkeit und Regeln. Sie erziehen streng und klar und setzen Regeln des Zusammenlebens ohne Erklärungen durch. Sie loben nicht und drohen nur so lange, wie sie sich davon eine schnelle Lernerfahrung versprechen. Erziehung besonders von Junghunden ist ihnen sehr wichtig und die Erwachsenen arbeiten dabei „Pfote in Pfote".

WUSSTEST DU, ...

dass erwachsene Hunde als erzieherische Maßnahme mit Ressourcen wie Knochen und Spielzeugen verlockend vor Welpen spielen, nur um ihnen dann mit einem Knurren und einem Knuff ins Fell zu zeigen, dass sie diese Dinge nicht nehmen dürfen?

SCHULD IST IMMER, WER'S GEMACHT HAT, EGAL WARUM

So ähnlich wir uns auch sind, Hunde machen einen wichtigen Unterschied in ihrer Vorstellung von Erziehung. Dieser Unterschied entscheidet oft über den Erfolg oder Misserfolg unserer Erziehungsversuche. Hunde erziehen jüngere Hunde und maßregeln sich auch untereinander. Dabei sind sie oft wesentlich anspruchsvoller als Menschen. Aber auch in ihrer Art mit Fehlverhalten anderer umzugehen, sind sie etwas anders als wir gestrickt. Ein wirklich relevanter Unterschied in der Ansicht von Problemen zwischen Menschen und Hunden ist die Frage nach Schuld. Während Menschen sich darin verlieren können, zu fragen, wer angefangen hat, wer wen wozu gebracht hat und damit schuldig an einer Situation ist, behandeln Hunde diese Frage sehr viel zielführender. Bei Hunden gilt: Jeder ist für sich verantwortlich, egal was andere zur Situation beigesteuert haben! Wird ein Hund also zum Beispiel von einem anderen Hund im Spiel geschubst und stolpert deswegen in einen dritten unbeteiligten Hund, dann wird der Hund gemaßregelt, der gerempelt hat und nicht der, der geschubst hat. Für den Angerempelten ist es egal, wer eigentlich schuld ist und ob der Geschubste gar nichts dafür kann. Er muss die Verantwortung übernehmen. Im Gegenzug sorgt die Maßregelung dann aber auch nicht für ein menschentypisches Auflehnen, weil es ja unfair war und man gar nichts dafür konnte. Stattdessen sorgt derjenige, der geschubst wurde, in Zukunft einfach selbst dafür, dass er im Spiel nicht mehr so nah an dem dritten Hund vorbeiläuft und damit auch nicht mehr in ihn reingeschubst werden kann. Er sorgt also selbst für sein Wohl und überlässt die Verantwortung nicht dem anderen. Diese große Vereinfachung in der Kommunikation sollte uns Menschen als Beispiel dienen, denn es ist eine Art der Verantwortung, die weit erwachsener und zielführender ist als

Hunde erziehen ihre Welpen gezielt. Dabei arbeiten sie ausschließlich mit der Unterbrechung von unerwünschtem Verhalten, hier mit einem angemessenem Schnauzengriff der Mutter. Der zweite Welpe nimmt schnell Reißaus.

unser menschlicher Umgang mit Problemen. Denn während die Menschen noch über die höchst subjektiv wahrgenommene Frage streiten, wer nun Schuld an der Misere sei, haben die Hunde bereits alles geklärt, eine Lösung für das Problem gefunden und spielen wieder fröhlich, ohne sich den Tag verderben zu lassen.

Das ist damit gemeint, wenn wir sagen, Hunde würden im Hier und Jetzt leben. Hunde denken sehr wohl an die Zukunft und die Vergangenheit. Erfahrungen aus der Vergangenheit beeinflussen ihre Entscheidungen in der Gegenwart und sie können hervorragend in die Zukunft planen. Aber sie fragen sich nie, was zur Gegenwart geführt hat. Ihnen ist egal, warum jemand tut, was er tut, es zählt nur, dass er es tut. Sie behandeln niemanden anders, weil er oder sie eine schlechte Vergangenheit oder eine schlechte Zukunftsaussicht hat. Jeder steht in genau der Sekunde für sein Verhalten gerade, in der er es gezeigt hat und es gibt keine Rechtfertigung oder Entschuldigung. Bewundernswert und klar! Es kann auch entspannend sein zu wissen, dass Hunde keinesfalls von uns erwarten, immer alles für sie im Griff zu haben oder sie vor allem Leid punktgenau schützen zu können. Das Vertrauen in uns generiert sich aus dem Umgang, den wir mit unserem Hund pflegen und unserer sozialen Kompetenz, Ruhe und Klarheit unserem Hund gegenüber. Das macht auch klar, wieso Versuche, andere Kontakte und

soziale Interaktionen mit guten, oder schlechten Reizen zu verknüpfen bei Hunden wahnsinnig schlecht funktioniert.
Nehmen wir an, ein Hund hasst seinen Erzfeind, den Nachbarshund und rastet jedes Mal an der Leine aus, wenn er ihn sieht. Wenn nun der Mensch dem Hund jedes Mal einen Keks gibt, wenn der Nachbarshund am Horizont auftaucht, dann wird unser Hund es nicht mit dem Gefühl zum anderen Hund verknüpfen. Der Nachbarshund wird im Kopf unseres Hundes nie denken, dass der Nachbarshund „Schuld" daran ist, das es Kekse regnet. Er wird seinem Menschen dankbar für den Keks sein und vielleicht irgendwann sogar in der Erwartung eines Kekses bereits zum Menschen gucken, wenn er den Nachbarshund sieht. Das wäre die Verknüpfung, die dabei entstehen kann. Aber er wird den anderen Hund trotzdem genauso hassen wir vorher und seine Beziehung zu ihm damit nicht in Verbindung bringen, denn er weiß ja, dass der andere Hund nichts getan hat, außer anwesend zu sein. Für eine Umbewertung müsste schon der Nachbarshund persönlich unseren Hund füttern und das wird schwer umzusetzen sein. Genauso wird unser Hund den Nachbarshund nicht mehr hassen, wenn der Mensch jedes Mal, wenn der Hund an der Leine ausrastet, etwas Strafendes tut. Auch dafür bekommt der Nachbarshund keine Schuld, dafür müsste er selbst rüberkommen und unseren Hund strafen.

WAS DAS FÜR DEN UMGANG BEDEUTET

Wie würde dein Hund jetzt denken? Diese Frage kann man sich immer dann stellen, wenn man am Hadern ist, ob eine Korrektur grade ok ist, oder gemein. Herauszufinden, warum ein Hund ein bestimmtes Fehlverhalten zeigt und was dazu geführt hat, ist ein wichtiger Teil im Hundetraining. Darauf bauen die Maßnahmen und Techniken auf, mit denen gearbeitet wird. Trotzdem tut man gut daran, die hündische Art der Bewertung zu bedenken, wenn es um die Umsetzung geht.
Wer sich immer eine Erklärung sucht, weshalb sein Hund sich so, oder so verhalten musste, der denkt in den menschlichen Schuldmustern und wird nicht weiterkommen.
Der andere Hund hat auch gebellt? Für einen Hund keine Entschuldigung, oder Grund keine Ruhe einzufordern. Jeder ist für sich verantwortlich, egal, was der andere getan hat. Egal, ob der Radfahrer direkt an einem vorbeigebraust ist, du darfst verlangen, dass dein Hund ihn trotzdem nicht jagt. Egal, wie aufregend es in der neuen Umgebung riecht, es ist ok, wenn du trotzdem erwartest, dass dein Hund nicht an der Leine zieht. Das ist die Art, in der Hunde an Probleme herangehen und sie können nicht verstehen, wieso du denkst, dass jemand anderes, oder eine besondere Situation schuld an ihrem Verhalten sein sollte, oder weshalb sie das von ihrer Verantwortung entbinden sollte. Unmissverständlich, klar ohne Umwege zu kommunizieren, ist für Hunde am überschaubarsten und nettesten. Erklärungen, komplexe Versuche, zu zeigen, was wieso genau wie gut ist und wie nicht, verwirren den Hund. Genauso wie ständiges Reden, Beurteilen und Kommentieren von Verhalten, was nichts mit uns direkt zu tun hat. Weniger ist mehr! Je mehr Utensilien, Hilfsmittel, Kommandos, Lob, Strafe und Worte in die Erziehung eingebracht werden, desto beschwerlicher und langsamer lernt der Hund, was von ihm gewollt wird. Am schnellsten und fairsten lernen Hunde, wenn sie direkt in der Situation, auf die es ankommt, unmissverständlich erleben, ob das zu einer negativen Konsequenz für sie führt oder nicht. Alle Streicheleinheiten, Futter, Gemeinsamkeiten und Bestätigung sollte es dagegen nicht als Lob zur Verhal-

tensmanipulation geben, sondern gratis und ohne jede Bedingung an den Hund. Auch wenn es vermeintlich auf den ersten Blick nett erscheinen mag, gewünschtes Verhalten zu loben, so ist es unnötig, da es ausreicht, wenn einfach keine negative Konsequenz folgt. Und es macht Liebe und lebensnotwendige Dinge wie Futter, Körperkontakt und soziale Nähe zu einem Zahlungsmittel und damit zu einem Druckmittel emotionaler Gewalt am Hund. Zuwendung, Futter und Liebe sollten in keiner Beziehung an „braves" Verhalten geknüpft, sondern selbstverständlich und davon abgekoppelt sein, um eine vertrauensvolle Beziehung aufbauen zu können.

Das bezieht sich ausschließlich auf das Verändern von Verhalten, nicht auf das Erlernen von Dressur-Vokabeln. Wer seinem Welpen beibringen möchte, was das Wort „Sitz!" bedeutet, der kann dies selbstverständlich mit Futter tun. Ob ein Hund sich aber angemessen verhält und mit dem Menschen und anderen Hunden höflich und anständig umgeht, sollte nicht an emotionale Zuwendung oder Futter, Wasser oder andere Lebensnotwendigkeiten geknüpft werden.

WUSSTEST DU, ...
dass Hunde Empathie und Mitleid für andere Hunde empfinden können und aktiv an der Problemlösung anderer teilnehmen, wenn sie sie mögen, ganz ohne etwas dafür zu erwarten?

Zuneigung und Liebe sind kein Lob für braves Verhalten, sondern eine Grundbedingung, die jeder Hund braucht und die authentisch ausgedrückt werden sollte.

Aus Erziehung wird immer mehr Selbstverständlichkeit. Wer von Anfang an die Bedingungen festlegt, muss später kaum noch etwas machen und kann die Gemeinsamkeit genießen.

FÜHREN UND FOLGEN

Folgen ist genauso eine Entscheidung, Verpflichtung und freiwillige Annahme einer Position wie das Führen, es ist genauso viel wert und das Yin zum Yang der Beziehungen. Gehört beides zusammen und gibt sich jeder verbindlich seiner Position hin, dann seid ihr ein unschlagbares Team mit einer ausgeglichenen Beziehung. Führen und Folgen sind für Hunde unabdingbare und elementare Teile ihres Lebens. Sie sind Entscheidungen mit Verpflichtungen und Privilegien.

WER GUT GEFÜHRT WIRD, IST IN SICHERHEIT

Wie beim Tanz führt einer und der andere folgt. Beide müssen mit ihrer Rolle einverstanden sein und sie annehmen, ansonsten stolpert man gewaltig. Beide müssen aufeinander achten. Derjenige, der führt, muss gleichzeitig die Umwelt und die Gesamtsituation im Auge behalten und abschätzen, was zu tun ist und wo es lang geht. Führung hat also nicht nur im übertragenen Sinne etwas mit dem Führen des Körpers zu tun. Wer führt, bewegt den anderen in seiner Reaktion und mit seinem Körper.

MORALISCHE ANSPRÜCHE KENNEN HUNDE NICHT

Hunde sind extrem sozial. Sie sorgen füreinander, passen sich aneinander an und helfen sich bei Problemen. Sie streiten, vertragen sich, lieben sich und fühlen sich sexuell zueinander hingezogen oder führen asexuelle, lebenslange Beziehungen. Sie pflegen Freundschaften und Feindschaften. Was sie aber nicht tun, ist irgendetwas, was ihnen zum Vorteil gereichen würde, zu unterlassen, nur weil jemand anderes das gemein finden könnte. Für sie zählt nur: „Bekomme ich Ärger

Hunde machen sich Gedanken um unser Wohlergehen. Hier ist die Besitzerin vermeintlich in Ohnmacht gefallen, was ihren Hund sichtbar besorgt.

oder nicht?". Daran bemessen sie alle ihre Entscheidungen. Was Hunde aber durchaus empfinden ist Mitleid, wenn jemand in Schwierigkeiten ist. Sie machen sich Sorgen um uns, wenn sie sehen, wie wir in eine hilflose Situation geraten, in Ohnmacht fallen oder angegriffen werden. Ganz im Gegensatz dazu haben sie überhaupt kein Mitleid mit uns, wenn wir unter ihrem Verhalten leiden. Denn da liegen Defizit und Verantwortlichkeit aus Hundesicht ganz klar beim Menschen. Hunde haben also eine ausgeprägte Empathie, verstehen aber nicht, wieso irgendjemand mit seinem Zustand oder seiner Rolle im sozialen Gefüge unzufrieden sein sollte, ohne etwas daran zu ändern. Jeder ist für sich und sein Glück selbst verantwortlich in der Hundewelt. Wer nicht klar macht, was er will und nicht will, der hat selbst Schuld und muss selbst etwas an seiner Ausdrucksweise ändern.

WUSSTEST DU, ...
dass kranke Hunde und auch Wölfe in der Familie keinesfalls zurückgelassen oder getötet, sondern gepflegt und durchgefüttert werden?

WAS DAS FÜR DEN UMGANG BEDEUTET

Wer stoisch auf seiner Meinung bestehen bleibt, was nett oder nicht nett, gut oder richtig ist, ohne die Bedürfnisse und Umgangsformen des Hundes zu kennen und zu akzeptieren, der wird bei aller Liebe und dem Glauben daran, das Beste für den Hund zu wollen, an ihm vorbei leben. Hunde haben für viele von uns einen großen Wert. Auch ich empfinde sie als Freunde, zu denen ich eine tiefe, emotionale Beziehung pflege und würde alles für meine Hunde tun, damit sie möglichst glücklich und lange leben. Und genau deswegen sehe ich es als Verpflichtung, meine eigene Meinung oder Intuition immer mit dem Fachwissen über Hunde abzuklären. Hunde erziehen nicht über Ablenkung oder Umlenkung. Ich kann nur allen Hundebesitzer:innen ans Herz legen, mehr zu lernen, wie Hunde sich verhalten und das als Vorbild für einen artgerechten Umgang mit ihnen zu nehmen. Genau wie du es gerade tust, indem du dieses Buch liest. Da dies für mich eine Herzensangelegenheit ist, möchte ich mich an dieser Stelle für dein Interesse am Hundeverhalten bedanken, auch im Namen der Hunde.

DER HUND AN DER LEINE

IRGENDWANN GEHT'S RAUS ZUM GASSI-GEHEN

Die Leine kann eine Verbindung zwischen Mensch und Hund bilden oder einfach eine störende Schnur sein, an der der Mensch wie ein Bremsklotz hängt.

Nachdem es um die tiefgründigen Beweggründe und Wesenszüge von Hunden ging, kommen wir nun zurück zu deinem Hund, der nach dem Kuscheln mit dir auf dem Sofa sicherlich langsam mal zu einem Spaziergang aufbrechen möchte. Der Spaziergang ist der Moment des Tages, an dem die meisten Probleme im Zusammenleben mit dem Hund sichtbar werden. Der Ausdruck ist dabei durchaus gezielt gewählt, denn die Probleme entstehen hier nicht, sondern zeigen sich nur. Wenn zu Hause im Zusammenleben nicht klar ist, wer die Führung übernimmt und wie sich jeder zu verhalten hat, dann wird das spätestens draußen zum Tragen kommen.

ENDLICH RAUS!

Raus in die Welt. Angeleint, zumindest jetzt noch. In diesem Kapitel geht es um die Verhaltensweisen, die Hunde an der Leine zeigen und um die Probleme, die sich daraus ergeben können. Was hier schon nicht funktioniert, kann auch im Freilauf nicht klappen. Bestimmt dein Hund hier bereits über Tempo, Einschränkungen, Richtung und die Art, wie ihr euch so benehmt und zeigt, dann sieht er keinen Anlass, sich plötzlich nach dir zu richten, wenn die Leine ab ist und seine Freiheit damit noch größer. Deswegen ist es viel mehr als eine lästige Notwendigkeit, an der Leine zu gehen. Es ist euer Fundament für alles, was ohne Leine geschieht. Aber auch was es bedeutet, überhaupt spazieren zu gehen, wird hier im Kapitel thematisiert, denn während wir es völlig normal finden, dass Hunde spazieren gehen, ist das für Hunde eine ganz schön große Herausforderung.

SPAZIERENGEHEN IST FÜR HUNDE IMMER WIEDER SPANNEND

Wie bereits beschrieben, ist das Spazierengehen für Hunde eine ganz besondere Sache. Während das Abpatrouillieren des eigenen Territoriums zum normalen Hundeleben dazu gehört, ist das Verlassen dieser Grenzen eigentlich etwas Ungewöhnliches im Hundeleben. Alle Orte, die Hunde gut kennen, beziehen sie in ihr empfundenes, eigenes Grundstück mit ein. Dazu zählt auch das Auto, weshalb viele Hunde aus dem Auto heraus dasselbe Verhalten zeigen wie bei der Leinenaggression. Sie zeigen sich aggressiv und bedrohen vorbeiziehende Hunde, um sie von ihrem vermeintlichen Grundstück zu vertreiben. In der Welt deines Hundes wagt es da jemand Fremdes, völlig ohne angemessenes Demutsverhalten durch das Eigentum deines Hundes zu flanieren, als

wäre es seins. Eine bodenlose Frechheit! Für Hunde ist es unverständlich, wie man da nicht ausrasten kann, besonders, wenn der andere Hund sich auch noch imponierend zeigt und den Raum für sich beansprucht.
Dass wir mit unseren Hunden ständig die Orte wechseln und uns nicht an festgelegte Grenzen von Territorien halten, bringt sie in schwierige Situationen und wir sollten uns vor Augen halten, dass der Anspruch an Hunde, mit allen anderen Hunden auszukommen und sie überall zu akzeptieren, ein sehr hoher Anspruch ist, für den wir oft viel Erziehung einbringen müssen.
Natürlich können und sollten Hunde lernen, sich in Gegenwart anderer Hunde ruhig zu verhalten und auch an der Leine ruhig vorbeizulaufen. Wir Menschen dürfen dafür aber akzeptieren, dass sie das nicht einfach nur so aus Nettigkeit uns gegenüber machen werden und oft auch Futter weniger Bedeutung hat als das Verscheuchen der Eindringlinge. Hier müssen wir ihnen etwas zum Wohle aller aufdrängen, was nicht in ihrer Natur liegt und sie und uns einiges kostet.

01

02

01 Wie man hinausgeht, so geht man auch spazieren. Reißt sich der Hund schon auf dem Weg zum Spaziergang nicht zusammen, wie soll er es dann bei Ablenkung draußen tun?

02 Ruhe einfordern, auch wenn es aufregend und spannend ist, übt man am besten in einfachen Situationen zu Hause und nicht erst dort, wo es richtig schwer wird.

Achtsam mit dem Menschen zusammen zu laufen, muss erst an der Leine geübt werden. Hier wird schon festgelegt, ob der Hund bereit ist, sich am Menschen zu orientieren.

WUSSTEST DU, ...
dass viele Hunde im Auto entspannt allein bleiben können, aber nicht im Haus? Durch den eingeschränkten Raum fühlen sie sich wohler und sicherer.

WO ES WOHL HIN GEHT?

Im Gegensatz zu uns wissen Hunde nicht unbedingt, was als nächstes kommen wird. Das Greifen nach der Leine oder das Einsteigen ins Auto kann alles bedeuten. Vielleicht geht es jetzt zu einem Spaziergang an den Strand, vielleicht fährt das Auto auch zum Tierarzt oder am Ende landet man bei Verwandten, bei denen man eine Woche Urlaub, weit weg von zu Hause, macht. Hunde wissen das nicht, wenn sie ins Auto einsteigen oder aus der Tür gehen. Sie wissen nicht, wann sie zurückkommen und wen sie treffen werden. Das macht verständlich, wieso es für den Hund viel aufregender ist als für uns, ins Auto zu springen oder auszusteigen. Deswegen tut es Hunden gut, Hilfe zu bekommen, um sich in ihre Aufregung, Sorge oder Vorfreude nicht zu sehr hineinzusteigern.

WAS DAS FÜR DEN UMGANG BEDEUTET

Spaziergänge sind eine tolle Sache und sollten in das Leben eines Hundes gehören. Man kann es aber auch übertreiben und den Hund damit nervös und aufgedreht machen.

Der bekannte Spazierweg sollte für Hunde auch als Möglichkeit genutzt werden, sein Revier zu überprüfen, zu schnuppern und zu inspizieren, wer sich hier aufgehalten hat. Spaziergänge und Ausflüge zu speziellen Locations können für Hunde eine besondere Freude sein, sollten aber in Maßen genossen werden. Gerade sehr aufgeregte Hunde können zu viele Eindrücke schwer verkraften und werden durch ständige Wechsel der Orte überfordert. Kontakte zu anderen Hunden sollten am besten an einem neutralen Ort stattfinden und nicht auf dem Territorium eines Hundes.

Für die meisten Hunde ist es sinnvoller, einen großen Spaziergang zu machen und ansonsten nur kurz zum Lösen in den Garten oder auf den Seitenstreifen zu gehen. So können sich die aufgebauten Stresshormone im Körper besser wieder regulieren.

Grundsätzlich gilt, dass ungefähr eine Stunde kontinuierliche und kontrollierte Bewegung im Schritt oder Trab stressabbauend wirkt. Selbstverständlich nur, wenn der Hund nicht zwischendurch mehrere andere Hunde anbellt, hetzt, apportiert, sich heftig erschreckt oder einen aufregenden Sozialkontakt hat. Diese Erlebnisse heben den Stresspegel wieder an und müssen nach dem Spaziergang durch Schlaf verarbeitet und abgebaut werden.

Läufe, die länger als eine Stunde dauern, heben den Stresshormonspiegel langsam steigend wieder an. Eine Wanderung über sechs Stunden ist also eine enorme Stressbelastung für den Körper, obwohl der Hund danach, durch die körperliche Erschöpfung, schlafen wird und ausgelastet wirkt. Am Tag darauf braucht er Zeit, diesen Stress wieder abzubauen und zu ruhen.
Es ist auch möglich, zweimal am Tag zu gehen, dann kann man jeweils ein langweiliges Spaziergangsziel und einen spannenderen Ort aufsuchen.

WUSSTEST DU, ...
dass mittelgroße Hunde durchschnittlich ca. 60 km/h Geschwindigkeit erreichen und sehr trainierte Hunde ca. 60 Kilometer am Stück laufen könnten?

Drei- oder sogar viermal spazieren zu gehen, den Hund ständig an andere Orte zu bringen oder sogar noch in wechselnde Sozialkontakte zu Menschen und Tieren, ist zu viel für den Hund und macht ihn schlechtesten Falls aufgedreht oder sogar aggressiv und übertemotional.

Auf keinen Fall ist es notwendig für einen Hund, zusätzlich zu mehreren Spaziergängen, wechselnden Orten und Kontakten zu verschiedenen Menschen und Hunden auch noch Beschäftigungsspielchen zur Auslastung anzubieten.

Auch wenn dieses Vorurteil immer wieder durch die Hundewelt geistert, das größere Problem bei überaktiven und unausgeglichenen Hunden ist nicht die fehlende Belastung, sondern die fehlende Ruhe und zu wenig eingeforderte Konzentration. Oft wird ein Zustand der völligen körperlichen Erschöpfung mit Auslastung gleichgesetzt. Völlige körperliche Erschöpfung ist als Event zur Ausnahme auch vollkommen ok, aber es ist nicht die Dauerlösung, um endlich mal schlafen zu können, derartig fertig zu sein, dass man einfach kein Auge mehr aufhalten kann.
Wer seinem Hund mehr Aktionsspaß gönnen und ihn trotzdem nicht verrückt machen möchte, der tut gut daran, ihn da, wo Aktion nicht notwendig ist, ruhig zu halten und Konzentration einzufordern, damit die Zeit für Aufregung und Action mit den schönen Dingen des Lebens sinnvoll genutzt werden kann. Den Hund seine Energie bereits beim Toben im Auto oder beim Ausrasten, weil es endlich zum Spaziergang los geht, verschleudern zu lassen, ist unnötig und pusht den Hund zu sehr hoch.

Grundsätzlich gilt alles als Auslastung, was den Hund körperlich oder sozial fordert, also Bewegung und Kontakte zu anderen Lebewesen. Besonders auslastend ist dabei nicht das, was besonders aktionsgeladen daherkommt, sondern alles, was der Hund schlecht kann und wofür er sich besonders konzentrieren muss. Wer eine sinnvolle Auslastung für seinen Hund schaffen möchte, bewirkt also mehr mit einer sehr langsamen und „pingeligen“ Leinenführigkeitübung auf einer kurzen Strecke als mit einer möglichst intensiven Party.

Spazierengehen ist für Hunde spannend und eine ganz natürliche Form der artgerechten Beschäftigung. Neue Wege zu beschreiten und das bekannte Revier abpatrouillieren ist Auslastung für Kopf und Körper.

Viele Hunde lernen nur, dass die Leine sie abhält und nervt und reagieren dementsprechend abwehrend. Aufmerksamkeit muss aber für beide Parteien an der Leine verpflichtend sein.

GEHEN AN DER LEINE

Wer im Nahbereich und mit Hilfsmitteln keine Verbindlichkeit herstellen kann, der darf erst recht nicht erwarten, dass der Hund ohne Leine mehr Anpassung zeigen würde.

ZIEHEN AN DER LEINE

Wer sich schon einmal gefragt hat, warum Hunde manchmal so furchtbar an der Leine ziehen, dem sei gesagt, dass Hunde dieses Gezerre meist nicht halb so schlimm finden, wie wir Menschen denken. Im Gegenteil, manch ein Hund findet es sogar angenehm, auch wenn er röchelt und würgt.

ZIEHEN IST UNGESUND

Das mag jetzt paradox klingen, aber das Zerren hat einen fast süchtigmachenden Effekt auf einige Hunde, die sich dadurch in ein Hochgefühl der Hormonausschüttungen bringen und dieses Gefühl immer wieder gezielt aufsuchen.
An der Leine zu zerren ist ungesund für die Knochen und Gelenke des Hundes. Dabei ist es völlig egal, ob sie an einem Halsband, oder an einem Geschirr ziehen. Die Schräglage, die asymmetrische Abnutzung und die Daueranspannung ist das Problem, nicht der Druck am Körper. Auch die dauerhaft aufrechterhaltene Erregung ist nicht nur ungesund für die Psyche des Hundes, sondern auch hinderlich für sämtliche Erziehungsmaßnahmen. Hunde haben ausgeprägte Halsmuskeln. Sie sind nicht vergleichbar mit denen von uns Menschen. Außerdem verfügen sie nicht wie wir über ein Schlüsselbein, sondern haben zusätzliche Haltmuskeln zur Stabilisierung des Kopfes am Rumpf. Ihr gesamter Vorderkörper und Hals sind darauf ausgelegt, im Kampf am Nacken gepackt und zu Boden gerungen zu werden, als Welpe am Nacken herumgetragen werden zu können oder bei der Jagd unter schweren Fliehkräften viele Kilo schwere Beutetiere hin und her zu schleu-

Seinen freilaufenden Hund nicht einfach zu angeleinten Hunden gehen zu lassen, ist ein ungeschriebenes Gesetz der Höflichkeit. Genauso wie mit dem angeleinten Hund soweit auszuweichen, dass der andere mit Abstand passieren kann.

dern, was alles über die Halsmuskulatur abgefedert werden muss. Es ist daher einer der stärksten Körperteile des Hundes. Auch Laufbewegungen und Traglast beim Stehen sind hauptsächlich vom vorderen Teil des Hundekörpers gesteuert. Dadurch erklärt sich schon recht gut, wieso Hunde das Zerren oft als wenig störend empfinden.

HUNDE WISSEN MEHR ALS WIR DENKEN

Hunde wissen sehr genau, wie lang eine Leine ist und ob sie daran ziehen. Sie haben die großartige Gabe, Raum und Zeit zu bemessen. Als Jäger wissen sie gut, wer sich wie schnell bewegen und wo langlaufen muss, um gleichzeitig an einer Stelle anzukommen. Sie können Entfernungen passgenau einschätzen und sich wiederholende Muster in Zeit und Raum blitzschnell merken und berechnen. Diese Fähigkeit übertrifft unsere bei Weitem. Wer also glaubt, sein Hund wisse nicht, wie lang seine Leine ist oder wie schnell er laufen könnte, ohne zu ziehen, der tut den Möglichkeiten des Hundes gewaltig unrecht. Sie können millimetergenau abschätzen, wie weit sie vorlaufen können, bevor sich die Leine spannt, wie lange sie stehenbleiben können, bevor sie weitergehen müssen, weil die Leinenlänge zu Ende ist und wie stark sie in die Leine springen müssen, um gerade noch gehalten zu werden und trotzdem so zu tun, als wollten sie sich losreißen.
Sie wissen, mit welcher Geschwindigkeit man Menschen so ins Gebüsch ziehen kann, dass sie nicht stoppen können, aber auch nicht hinfallen und wie man glaubhaft vermittelt, den Erzfeind auf der anderen Straßenseite töten zu wollen und gerade so von

der Leine aufgehalten zu werden, ohne den großen Tönen jemals Taten folgen lassen zu müssen.

Ja, Hunde sind nicht nur schlau, sie sind auch verschlagen und weit weniger lebensunfähig oder gar lebensmüde, als ihnen oft angedichtet wird. Während manch ein Besitzer noch denkt, nur seiner Körperkraft sei es zu verdanken, dass sein Hund noch nie von einem anderen Hund für sein freches Bellen und Knurren gebissen wurde, so ist es häufig einfach eine kluge Berechnung des vermeintlich übermütigen Hundes, der genau weiß, wie stark er ziehen kann, um sich garantiert nicht losreißen zu können und trotzdem den Ruf des gefährlichen Raubtiers zu genießen. Sich aggressiv zeigen zu können, ohne Konsequenzen befürchten zu müssen, lieben Hunde sehr, wie oben schon erwähnt. Auch da sind sie uns Menschen ähnlich.

Im Internet und auf sozialen Netzwerken kann man dieses Phänomen des „Leinenpöbelns“ gut beobachten. Je weniger die Gefahr besteht, in einen echten Konflikt zu kommen durch Anonymität oder eine Leine, die einen abschirmt, um so lauter wird gebrüllt. Wer sicher sein kann, dass nichts passiert, außer dass heiße Luft versprüht wird, der kann sich eben viel gepflegter gehen lassen. Und genau wie wir Menschen pöbeln Hunde einfach gern. Und genau wie wir Menschen verliert dieser Spaß ganz schnell, wenn jemand plötzlich wirklich vor einem steht und niemand sich schützend davorstellt. Welcher Fußballfan würde wohl wagen, das, was er vor dem Fernseher schreit, dem Fußballer persönlich ins Gesicht zu brüllen, wenn er ihn trifft?

WUSSTEST DU, …
dass Leinenaggression und Zerren an der Leine die wahrscheinlich am häufigsten vorkommenden Probleme sind, mit denen Menschen zu Hundetrainer:innen gehen?

Sich nicht frei bewegen zu können ist frustrierend für Hunde. Haben sie nicht gelernt mit Frust umzugehen, dann zeigt sich das hier besonders häufig, zum Leidwesen der Menschen.

LEINENPÖBELEI

Sich an der Leine daneben zu benehmen bietet sich für Hunde einfach an. Nicht umsonst ist es eines ihrer Lieblingshobbys.

LEINENAGGRESSION AUS ANGST VOR ANDEREN HUNDEN?

Auch wenn die Menschen oft glauben, ihr Hund hätte Angst, würde sich bedroht fühlen oder handele aus schlechter Erfahrung heraus: Die meisten Hunde bellen einfach nur deswegen an der Leine, weil sie es können. Es macht Hunden Spaß, sich stark zu fühlen und „aus dem Fenster zu hängen". Auch eine vorausgegangene Beißerei, die oft als Grund gewähnt wird, ist in den seltensten Fällen der Auslöser für Leinenaggression. Sobald der Hund ohne Leine plötzlich nicht mehr bellt, kann er keine Angst vor dem anderen Hund haben. Sobald der Hund an der Leine pöbelt, ohne dass der entgegenkommende Hund sich aggressiv zeigt, ist es unrealistisch, sich so zu gebaren, wenn ganz offensichtlich keine Gefahr von dem anderen Hund ausgeht. Hunde, die wirklich Angst vor einer Begegnung mit anderen Hunden haben, die haben diese Angst auch im Freilauf und die wollen vor allem niemals zur Gefahr hin, sondern immer möglichst weg. Wer wissen möchte, ob sein Hund aus Angst bellt und knurrt, der kann einfach prüfen, ob sein Hund zu dem Auslöser der Angst hin will oder weg. Zu etwas hinzuwollen, was man fürchtet, ist vollkommen unlogisch. Genau wie ein Mensch, der panische Angst vor Spinnen hat, niemals in einen Keller gehen würde, von dem er weiß, dass dort dicke Spinnen in allen Ecken sitzen. Er würde nicht in den Keller rennen und die Spinnen anschreien oder töten, sondern ganz weit weg wollen. Die normale Reaktion bei Angst ist immer der Versuch, dem Auslöser auszuweichen.

Will der Hund also bellend und tobend zum anderen Hund hin, dann kann er schon mal keine Angst haben, sondern muss einen anderen Grund für sein Verhalten haben. Neben dem „Spaß" am Pöbeln gibt es noch andere Gründe, weswegen Hunde an der Leine ausrasten, wenn ein anderer Hund entgegenkommt, die sich in den meisten Fällen mit dem Reiz der Aufregung vermischen.

ANGST ERKENNEN

Angst ist schrecklich, unangenehm und bemitleidenswert. Wer Angst hat, der braucht wirklich Hilfe!

- Wer Angst hat, will weg von dem, was ihn ängstigt.
- Wer Angst hat, kümmert sich nicht um Futter oder Spielzeuge.
- Wer Angst hat, wird nervös und überempfindlich.
- Wer Angst hat, bewegt sich starr und abgehackt.
- Wer Angst hat und nicht weg kann, friert ein und wird starr.
- Wer Angst hat und festgehalten oder in die Ecke gedrängt wird, beißt kopflos und hektisch um sich.

- Wer Angst hat, verliert Fell und Hautschuppen, stinkt, bekommt Durchfall oder übergibt sich.
- Wer Angst hat, stellt die Kommunikation ein und bekommt nicht mehr mit, was das Gegenüber vermittelt.
- Wer Angst hat, stellt jede Form der Selbstdarstellung durch Imponieren ein. Ein Hund der Imponierverhalten zeigt, ist niemals ängstlich.
- Wer Angst hat, droht bei massiver Bedrängung defensiv.
- Wer Angst hat und angegriffen wird, schreit in hoher Tonlage oder ist vollkommen still und versucht nur, zu entkommen.
- Wer Angst hat, legt sich niemals auf den Rücken.

WAS DAS FÜR DEN UMGANG BEDEUTET

Zeigt ein Hund an der Leine diese Verhaltensweisen und Körpersprache, wenn sich ein anderer Hund nähert, dann handelt es sich um eine ernsthafte Verhaltensstörung. Egal, wodurch diese Reaktion ausgelöst wurde, vor der eigenen Spezies Angst zu haben, ohne bedroht zu werden, ist behandlungswürdig und gehört in den Bereich erfahrener, tiertherapeutischer Hände. So einen gravierenden Schaden kann und sollte man nicht mit Futter lösen und auch nicht über Dressur und Kommandos. Hier bedarf es Fachwissens und individueller Betreuung.

ANGST UND STRESS ALLGEMEIN

Angst entsteht dann, wenn der Hund einer vermeintlichen Bedrohung nicht entkommen kann und keine Handlungsoptionen hat, seine Situation zu verbessern. Die daraus resultierende Hilflosigkeit und das Gefühl, der unmittelbaren Bedrohung ausgeliefert zu sein, erzeugt eine massive Stressreaktion im Körper und stellt im Extremfall das Denken und bewusste Handeln sowie jegliche Kommunikation ein. Der Hund verfällt in seiner Angst in reine Instinkthandlungen und kann weder seine Handlungen sinnvoll abwägen noch sich um die Belange anderer oder die Zukunft kümmern. Ein Hund, der wirkliche Angst hat, kann weder Futter annehmen noch sich um seine Freunde kümmern.

Angst schränkt ab einer bestimmten Intensität die Lern- und Denkfähigkeit massiv ein. Das gilt allerdings nur dann, wenn die Intensität der Angst hoch ist. Bei Unsicherheit und leichter Angst werden Lernerfahrungen sogar besonders intensiv verarbeitet und gespeichert. Das ist dafür gedacht, dass ein Lebewesen aus schlechten Erfahrungen, die nun mal immer irgendwo erlebt werden, möglichst schnell lernen kann, einfach, um einen möglichen Fehler nicht häufiger als nötig machen zu müssen.

In Panik oder Todesangst dagegen, kann kaum mehr etwas sinnvoll verwertet werden. Deswegen laufen Hunde in Panik ohne zu schauen auf die Straße, beißen ihre Besitzer:innen, weil sie einfach „wild um sich schlagen", sind nicht mehr ansprechbar und lassen sich die Situation auch nicht mit Futter versüßen.

Im Großen und Ganzen haben Hunde selten Angst. Sie sind meist viel weniger ängstlich als wir Menschen meinen, denn wir empfinden oft Ängste, die wir dann manches Mal auf den Hund projizieren. Hunde haben uns gegenüber nämlich den deutlichen Vorteil, sich viel seltener in Ängste in der Zukunft „hineinzugrübeln", sondern situativer zu reagieren. Außerdem sehen sie sich oft handlungsfähig in Situationen, in denen uns vielleicht nichts mehr einfällt, was aber nur an unserer eigenen, empfundenen Hilflosigkeit liegt. Der Hund hat in derselben Situation oft noch viele Ideen, was er als nächstes tun könnte, um handlungsfähig zu bleiben.

Ängstliche Körpersprache sieht aus, als würde sich der Hund nach innen zusammenziehen. Die Beine sind eingeknickt, aber der Hund würde sich niemals in Angst auf den Rücken rollen.

REAKTIONSMUSTER DER ANGST

Gerät ein Lebewesen in Angst, so schaltet sich der bewusst denkende Teil des Gehirns ab und das Verhalten wird mehr und mehr vom hintersten, rein instinktiv handelnden Bereich des Kopfes bestimmt. Dieser Teil lässt nur noch drei mögliche Handlungsoptionen zu, die völlig unbedacht und reflexhaft gezeigt werden. Der Hund kann aus diesen drei Reaktionen also nicht auswählen, sondern eine oder mehrere aufeinanderfolgende überkommen ihn. Je nach Intensität der Angst steuern sie das Handeln. Diese Reaktionen nennt man auch die drei F's.

— Flight (Flucht)
— Freeze (Erstarren)
— Fight (Kampf)

01

02

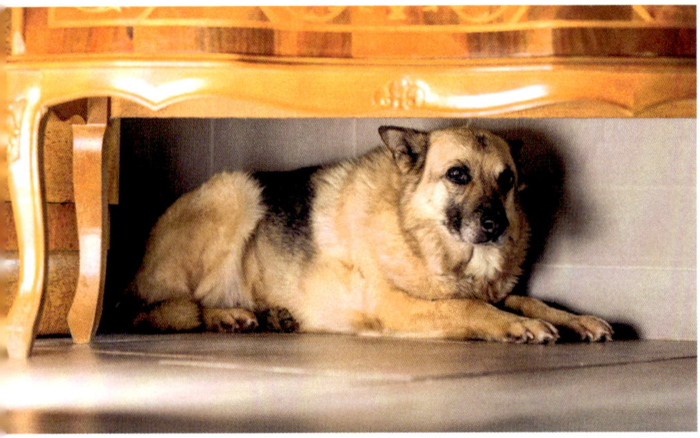

03

Die häufigste Reaktion ist die Flucht, ein kopfloses Türmen aus der Situation und immer weiterlaufen, ohne zu wissen wohin, Hauptsache weg vom beängstigenden Reiz. Immer wieder zur Silvesterzeit rennen Hunde in Angst kopflos davon, weil die Angstreaktion „Flight" sie beherrscht.
Kann der Hund nicht weg oder ist er in eine Falle gelaufen, kann es dazu kommen, dass er weiter im Fluchtmodus bleibt und einfach unsinnig auf der Stelle strampelt. Es kann auch passieren, dass er in einen der anderen beiden Modi wechselt, entweder erstarrt und regungslos stehen bleibt, oder wie wild um sich beißt, weil er sich nicht mehr anders zu helfen weiß. Diese Kampfreaktion darf aber nicht mit einem Angriff verwechselt werden. Sie geschieht nur dann, wenn der Hund massiv bedrängt wird und keine Möglichkeit hat, zu entkommen.
Beim Tierarztbesuch kommt diese Reaktion ab und zu vor. Genauso wie das Erstarren, was ebenfalls in Untersuchungssituationen gezeigt werden kann, wenn der Hund große Angst vor nachfolgendem Schmerz hat. Das ist besonders ungünstig, wenn bei der Untersuchung herausgefunden werden soll, wo genau der Hund Schmerzen hat. Ein Hund im Freeze-Modus wird aber wahrscheinlich keine Reaktion zeigen, selbst wenn die schmerzhafte Stelle abgetastet wird.

01 Unsicherheit sieht man an der leicht eingezogenen Rute und dem Ausweichen mit eingeknickten Beinen und angespannter Muskulatur. Wer Angst hat, der möchte weg vom Reiz.

02 Diesem Hund ist die Sorge ins Gesicht geschrieben. Er möchte weg und zeigt dabei ein leises und unsicheres Wuffen als Alarmsignal. Ein bisschen Neugier reicht aber, um ihn vom Fliehen abzuhalten.

03 Rückzug in Sicherheit, oder soweit die Beine tragen. Dieser Hund ist nur unsicher und noch nicht in Panik. Die Anspannung sieht man ihm aber deutlich an. Bedrängen wäre hier gefährlich.

DAS FALSCHE, VIERTE F

An verschiedenen Stellen wird in der Hundewelt auf ein vermeintliches weiteres F der möglichen Angstreaktionen hingewiesen. Benannt wird es mit „Fiddle around", also „herumalbern" oder „Flirt", also „flirten" beschrieben. Diese Reaktionsmuster sind aber nicht der Angst zugehörig.
Das „Herumalbern" gehört zur aktiven Demut, also zur Annäherung und dem Sozialverhalten. Es ist eine bewusst gewählte Strategie und zeigt eine Handlungsfähigkeit. Angstreaktionen zeichnen sich aber exakt durch die fehlende Denk- und Handlungsoption aus. Herumzualbern passiert dem Hund nicht, sondern er kann es gewollt an- und abstellen und hat damit eine meist erlernte und hilfreiche Manipulationstechnik, um einen Gegner in andere Stimmung zu bringen. Es ist Kommunikation. Mit Flirten hat dieses Verhalten noch weniger zu tun, denn das würde ja ein angespieltes, sexuelles Interesse bedeuten. Ganz sicher gehört ein sexuelles Interesse am angstauslösenden Reiz nicht mit in eine natürliche Angstreaktion. Das wäre auch sehr unpraktisch für die Funktion von Angst, die vor Gefahren schützen soll.
Das geschauspielerte Spiel schlechtgelaunten Hunden gegenüber gibt es durchaus, nur ist es eben keine Angst. Hunde setzen ein vorgetäuschtes Spielverhalten in verschiedenen Situationen als Strategie ein, um an ein völlig anderes Ziel zu kommen. Genau dieses strategische Denken und die darin gebundene Handlungsfähigkeit macht das weitere F als Angstreaktion vollkommen unmöglich. Leider führt diese falsche Vermischung von Verhaltensbeschreibungen immer wieder dazu, dass Hunden Angst unterstellt wird, obwohl sie sich kommunikativ und schlau verhalten und keinerlei Leidensdruck erleben. Ganze Trainingstechniken sind dann auf die völlig falsche Grundannahme aufgebaut, der Hund hätte ein Angstempfinden.

Der Hund links zeigt Demut als Reaktion auf die Drohung, keine Angst.

01

02

03

KÖRPERSPRACHE DER ANGST

Der Hundekörper in Angst sieht aus, als würde der imaginäre Staubsauger, der den Hund formt, im Hund selber stecken und alles zusammenziehen. Alles am Hund wird kurz und klein und zusammengekrampft. Von Körper-„Sprache" zu reden ist hier geradezu unangemessen, denn ein Hund in Angst will und kann nichts kommunizieren und steht auch nicht im Kontakt zu anderen. Er „spricht" also nicht und ist nur mit sich selbst beschäftigt. Die Körpersprache von Angst ist also mehr ein Körperausdruck. Entspannung, Fressen oder Kommunikation sind in Angst schwer bis unmöglich. Da Angst zu einer massiven Muskelanspannung führt, ergibt sich daraus als logische Konsequenz ein Körperbild, das immer mit Angst einhergeht.

— Eingezogener, quadratisch wirkender Körper
— Abgeduckte, kurz wirkende Beine
— Eingezogener, kurzer Hals
— Angezogene Ohren, die aber nicht vollständig am Kopf anliegen
— Aufgerissene Augen, die hervortreten und zu Glubschaugen werden
— Angespanntes, festes Gesicht
— Rute nach unten eingerollt, ohne jede Bewegung
— Blick ins Leere, nach innen gerichtet
— Weit geöffnete Pupillen, dadurch schwarz scheinende Augen
— Zittern und Beben der Muskeln
— Hecheln mit roter, schmaler Zunge, Speichelfluss und laufender Nase
— Tiefe Falten hinten in den Maulwinkeln

01 Besorgte Gesichtszüge und Ausweichen. Dieser Hund zeigt Angst und keine Demut.

02 Unsicher nähert sich dieser Hund einem fremden Ungetüm. Er schreckt dabei immer wieder ruckartig zurück und lässt das beängstigende Objekt nie aus den Augen.

03 Einerseits – andererseits. Der Hund ist höchst verunsichert, aber voller Neugier. Neugier ist das beste Mittel gegen Angst.

04 Mit Angst behält man die Bedrohung im Auge. Einer der am besten sichtbaren Unterschiede zu passiver Demut, bei der der Blick gezielt abgewendet und der Gegner niemals direkt angeschaut wird.

04

Egal, ob der Hund flüchtet, erstarrt oder um sich beißt, er tut es in Angst immer in dieser Körpersprache. Läuft er weg, beißt oder bleibt still stehen, ohne dass sein Körper die oben genannten Merkmale aufweist, so handelt es sich nicht um eine Angstreaktion! Alle diese körperlichen Merkmale werden mit steigender Intensität der Angst ansteigend deutlich gezeigt.

Jetzt ist es wichtig zu wissen, dass einzelne Anzeichen allein nicht unbedingt für Angst stehen. Weit geöffnete Pupillen sieht man ebenfalls bei Jagdverhalten, ebenso das Zittern und Beben bei großer Aufregung und Erwartungshaltung. Die Aussicht auf einen Kampf, auf ein Spiel oder eine Hatz kann ebenfalls Muskelzittern auslösen und ist alleinstehend kein Anzeichen für Angst. Die eingerollte Rute, die bewegungslos ist, wird auch in der passiven Demut gezeigt, ebenso der eingezogene, hoch gebuckelte Körper. Die Stressfalte beim Hecheln sieht man auch bei hoher, körperlicher Stressbelastung durch starke Hitze oder sportliche Extremleistungen. Zittern zeigen Hunde auch bei Aufregung.

Deswegen dürfen besonders bei der Betrachtung von Angst nicht nur ein oder zwei Merkmale zur Beurteilung herangezogen werden. Natürlich gilt das für alle körpersprachlichen Ausdrücke und Verhaltensweisen. Eine einzige Verhaltensweise oder ein einziger Ausdruck am Körper kann nie hinreichend eine Beurteilung von Verhalten rechtfertigen, genauso wenig wie eine Momentaufnahme darüber Aufschluss gibt, wie sich eine Kommunikation weiter entwickeln wird.

01 Körperliche, starke Belastung führt zu einer Stressreaktion im Körper, die durch anschließende Ruhe und ausreichende Erholung ausgeglichen werden muss.

02 Dass es Spaß macht heißt nicht, dass es nicht anstrengend ist. Ein Hund, der ständig in hoher Erregung gehalten wird, kann dünnhäutig, überdreht und sogar aggressiv werden.

03 Jagdreize drehen den Hund extrem auf und enthemmen ihn. Wer Probleme mit der schlechten Impulskontrolle seines Hundes hat, sollte grundlegend auf das Hetzen von Bewegungsreizen verzichten.

01

WAS DAS FÜR DEN UMGANG BEDEUTET

Mit Angst experimentiert man nicht herum. Wenn du das Gefühl hast, dass dein Hund von wirklichen Ängsten geplagt ist und sogar Angst vor Artgenossen hat, dann such dir bitte fachliche Hilfe.

ANGST UND STRESS GEHÖREN ZUSAMMEN

Angst erzeugt immer Stress im Körper. Aber: Stress entsteht nicht ausschließlich bei Angst! Stress bezeichnet die körperliche Reaktion, die bereit machen soll, handlungsfähig und aktiv zu sein. Stress an sich ist weder an ein positives noch an ein negatives Gefühl gebunden und tritt sowohl bei spaßgeladener Action als auch bei Angst auf. Stress ist aber immer ein Begleiter von Angst. Durch die ausgeschütteten Botenstoffe im Körper kommt es zu einer kurzfristigen Stressreaktion. Sie sorgt für spezielle körperliche Effekte:

— Beschleunigter Herzschlag
— Erhöhte Atemfrequenz (Hecheln)
— Verstärkte Durchblutung (Rote Zunge)
— Verlust von Appetit
— „Vergessen" sich zu lösen oder spontanes Entleeren von Blase und Darm, ohne Einfluss oder Kontrolle des Hundes
— Wachheit, Fahrigkeit, Aufregung (Energiereserven werden aktiviert)
— Unkontrollierte Lautäußerungen ohne kommunikativen Nutzen

Diese Stressreaktionen werden bei akutem und kurzfristigem Stress sichtbar. In dieser Phase wird der Hund hauptsächlich von Adrenalin und Noradrenalin gesteuert, was zu erhöhter Aktivität und Erregung führt. Kurzfristiger Stress kann in allen möglichen Lebenslagen auftreten, auch bei Dingen, die der Hund gern tut. Jede Form der psychischen oder auch körperlichen Herausforderung sorgt für Stress. Ein frierender Hund, dem es aber psychisch gut geht, hat genauso eine Stressausschüttung wie ein nicht frierender Hund in Angst. Körperliche Belastungen können auch durch Hunger, Durst oder sportliche Belastung entstehen.
Für einen kurzen Moment und mit genügend Zeit danach, um die ausgeschütteten Hormone wieder abzubauen, ist Stress völlig problemlos und normal. Er kann sich sogar sehr angenehm anfühlen, wenn die Herausforderung, die den Stress auslöst, angenommen und bewältigt werden kann. So kann aus Stress ein angenehm anregendes Gefühl werden, das der Hund wieder erleben möchte.

02

Das ist wichtig, wenn es um Leinenaggression geht. Weiß der Hund um seine Sicherheit an der Leine, dann ist es oft ein angenehmes Gefühl der Handlungsfähigkeit, die dem Stress sogar einen positiven Effekt verleiht. Selbst das Kämpfen kann für Hunde zu so einer angenehmen Stressempfindung werden, sehr zum Leidwesen der Besitzer:innen rauffreudiger Hunde.
Als Menschen suchen wir ebenfalls kurze Stressbelastungen gewollt auf, wenn wir uns in Sicherheit wiegen, weil wir das schöne Gefühl einer kurzfristigen Adrenalinausschüttung genau wie Hunde zu schätzen wissen. Das Aufsuchen von Stress kann zu einer regelrechten Sucht werden. Denn durch den immer wieder ansteigenden Pegel des Adrenalins kommt es langfristig zur Ausschüttung von Cortisol. Dieses Stresshormon fühlt sich leider auf Dauer nicht mehr schön und erhebend an. Es zerstört sogar Areale im Gehirn, die für Ruhe und Erholung zuständig sind, was einen Ausgleich immer schwerer macht. Irgendwann fühlt sich Erholung für den betroffenen Hund geradezu unangenehm und unerträglich an. Das Einzige, was ihm hilft, ist eine neue Ausschüttung von Adrenalin, die eine kurze Erleichterung bringt und dann alles noch schlimmer macht. Der Kreislauf in die

03

Dauerstressspirale erhält sich damit selbst und der Hund sucht nach immer mehr Möglichkeiten der Aufregung und Belastung. Gleichzeitig wird er immer dünnhäutiger und stressanfälliger.
Was ihm fehlt, ist eine aktive Erholung neben der ganz normalen Ruhe. Hierbei ist es wichtig zu bedenken, dass das Herumliegen allein nicht als ausreichende Erholung anzusehen ist.

Aktive Erholung findet zum Beispiel durch ruhige und langsame Massagen und bewusste Berührungen am Körper des Hundes statt. Dafür braucht es Zeit und Ruhe. Beiläufig und nebenbei streicheln ist etwas anderes.

Aktiver Stressabbau findet bei ganz speziellen Verhaltensweisen statt, die zusätzlich zu normaler Ruhe ausgelebt werden müssen:

— Langsame, unkomplizierte und gleichbleibende Bewegung über maximal 25 Minuten am Stück (z. B. Laufband oder Unterwasserlaufband ohne aufregende Reize wie Futter oder Spielzeuge im immer gleichen, langsamen Tempo).
— Passive, gleichbleibende Bewegungen im Liegen (wie das sehr langsame und vorsichtige Bewegen der Beine. Dabei werden die Vorder- oder Hinterbeine des liegenden Hundes mit der Hand geführt und in einer laufähnlichen, kreisförmigen Bewegung nacheinander jeweils 10 Minuten bewegt).
— Ruhige Massagen, die zu Muskelentspannung führen (25 Minuten bis 1,5 Stunden).
— Abgrenzung aller Außenreize für mindestens zwei Stunden (Dunkelheit, vollständige Ruhe, keine Bewegungsmöglichkeit außer einer kleinen Drehung, keine Ansprache, keine Beschäftigung).
— Kauen ohne Ablenkung und mit nicht besonders schmackhaftem Futtermittel über 25 Minuten (z. B. Rinderhautknochen ohne Geschmack).
— Körperliche Statik herstellen (Anleinen, Halten, Box).
— Gemeinsame Meditation und autogenes Training mit dem Menschen zusammen, selbstverständlich ohne Kommandos oder Futterbelohnung.
— Dauerhaftes Abstellen körperlicher Stressoren wie Schmerz, Juckreiz, Frieren, Schwitzen, Hunger, Lärmbelastung.

WIE SICH ÜBERSTRESSTE HUNDE VERHALTEN

Hunde deren Stress-Erholungs-Gleichgewicht nicht ausgeglichen ist, zeigen verschiedene körperliche und psychische Auffälligkeiten. Dazu gehören:

— Hohe Aktivität und Aufregung
— Ständige Erwartungshaltung und Einfordern von Aktion
— Nächtliches Tippeln und ständiges Wenden
— Komaartiges Schlafen auch tagsüber, wie „ausgeknipst“

- Schreckhaftigkeit und Überempfindlichkeit bei Geräuschen und Berührungen
- Überemotionalität, Launenhaftigkeit
- Wutanfälle
- Abbruch von Kommunikation, sozialer Rückzug
- Ins Leere starren, wach, aber teilnahmslos herumliegen
- Nicht zur Ruhe kommen, nicht allein sein können, den Menschen im Haus verfolgen
- Durchfälle und Erbrechen, Übersäuerung des Magens
- Schwaches Immunsystem, Anfälligkeit für Parasitenbefall und Infektionskrankheiten
- Aufkauen der Pfoten, ständiges Kratzen, Schlecken und Schütteln

WAS DAS FÜR DEN UMGANG BEDEUTET

Hunde, die ausreichend häufig in Stress geraten und schwierige Herausforderungen bestehen müssen, entwickeln eine höhere Resilienz und Frustrationstoleranz. Sie sind zufriedener und ausgeglichener und können mehr Selbstwirksamkeit entwickeln. Es ist also wichtig, eine gewisse Stressbelastung vertragen zu lernen und ihr ausgesetzt zu werden. Ständig überbehütet und stressvermeidend gehaltene Hunde werden immer stressanfälliger und dünnhäutiger und entwickeln Verhaltensstörungen und Ängste. Genauso wie bereits bestehende Angststörungen keinesfalls dadurch verbessert werden, dass der Hund wie ein rohes Ei von jeder Belastung ferngehalten wird. Im Gegenteil, diese Art des Umgangs verstärkt Angststörungen und macht den Hund immer weniger resilient gegen Belastungen. Ein gesundes Mittelmaß hilft da mehr.
Ebenfalls schlecht für die psychische Gesundheit des Hundes ist eine andauernde Stressbelastung sowohl körperlicher als auch psychischer Art. Auch kurzfristige Stressbelastung ohne ausgleichende Erholung in ausreichendem Maße macht Hunde krank und verhaltensauffällig. Neigt der Hund also beim Spaziergang zu hoher Erregung, Jagdverhalten oder Leinenaggression, dann ist es ratsam, maximal zwei Spaziergänge am Tag zu machen und dazwischen Ruhe zu etablieren. Bei besonders hoher Aufregung ist ein einzelner Spaziergang täglich besser als drei kleine Spaziergänge.
Wer neben Aufregung und Anregung im Hundeleben auch entlastende Rituale etabliert und nicht nur die Nachtzeit als Erholungsphase des Hundes berechnet, der wird einen Unterschied in der Souveränität und Zufriedenheit seines Hundes bemerken. Anstatt nur Wert auf Beschäftigungen mit viel körperlicher Bewegung zu suchen, wäre ein zusätzlicher, aktiver Stressabbau hilfreicher für Hund und Mensch.

Nun konzentrieren wir uns aber erstmal wieder auf den Hund, der gerade beim Spaziergang an der Leine tobt, während sein Mensch sich fragt, welche Emotion ihn wohl dazu treibt.

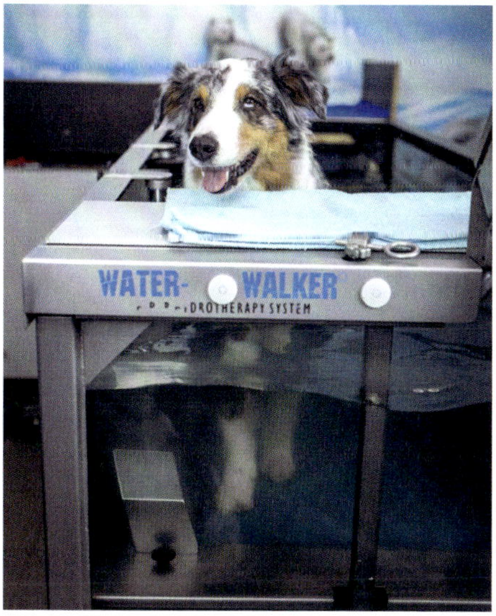

Kontrollierte und langsame Bewegung ohne Ablenkung oder Jagdreize kann ebenfalls Stress abbauen.

DROHVERHALTEN

Gut gedroht ist halb gewonnen! Drohverhalten soll den anderen abschrecken und klar machen, dass man gewillt ist in den Kampf zu gehen. Wenn an der Leine getobt wird, wird dabei mehr oder weniger selbstsicher gedroht. Selbstsicher oder nicht, heißt dabei keinesfalls, dass ein unsouverän drohender Hund es weniger ernst meinen würde oder zu bemitleiden sei. Drohen ist immer die klare Ansage, dass im nächsten Schritt gebissen wird, wenn der andere nicht etwas tut oder lässt.
Geteilt wird hier in **offensives** und **defensives Drohen**. Diese beiden Formen sind aber nicht gottgegebenes Wesensmerkmal eines Hundes, sondern kommen in Mischformen vor oder springen sekündlich während eines Konfliktes hin und her. Wie bei jeder Kommunikation wechseln die Intentionen und Gestimmtheiten im Kontakt ständig, je nachdem, was das Gegenüber so tut oder wie die Antwort auf ein bestimmtes Verhalten ist. Kommunikation, und damit auch Streit unter Hunden, ist ein fließender Prozess.

OFFENSIVES DROHEN

Selbstsicher aus der vermeintlich überlegenen Position heraus etwas einfordern, bedeutet offensiv zu drohen. Diese Drohung ist klar und durchdacht und wird gezeigt, wenn der Hund sich in diesem Moment in der besseren Position wähnt.
Um einen Anhaltspunkt zu haben, stell dir einen großen Staubsauger vor, der vor dem Hund steht und alles am Hund nach **vorn** saugt. Das Körpergewicht des offensiv drohenden Hundes ist eher auf den Vorderbeinen, der ganze Körper hebt sich nach oben und vorn. Der Kopf ist nach vorn ausgestreckt und der Hals lang. Auch die Ohren werden an den Ohrmuscheln nach vorn gedrückt und stehen dadurch seitlich ab wie die Flügel eines Flugzeuges. Alle Falten und Runzeln im Gesicht des Hundes werden von hinten nach vorn gedrückt, die Stirn von hinten nach vorn geschoben und auch der Körper lehnt sich zum Gegner hin. Das Fell sträubt sich im vorderen Bereich des Rückens, am Nacken und am Hals.

WUSSTEST DU, …
dass defensiv drohende Hunde im Konflikt meist zuerst attackieren und eher dazu neigen, zu fest zuzubeißen als offensiv drohende Hunde? Ihnen gehen die Nerven durch und sie handeln unüberlegter und impulsiver.

01

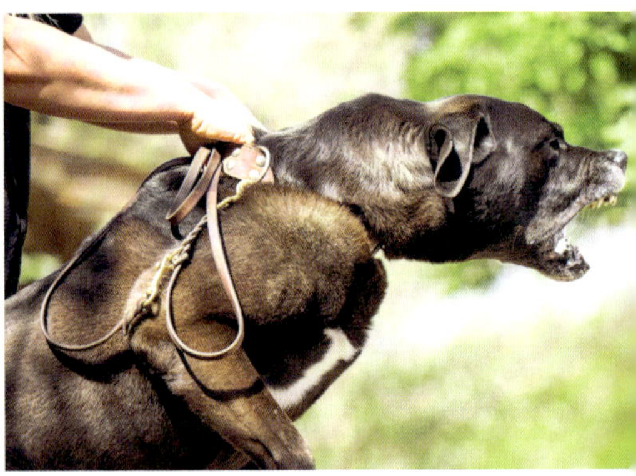

03

Der offensiv drohende Hund knurrt **tief und grollend** mit viel Luft von ganz unten herauf und einem sauberen, kontinuierlichem Ton. Er sortiert sich bedächtig und ruhig die Lippen, indem er eine schmatzende Bewegung voller Anspannung und Festigkeit im Gesicht macht. Dabei streckt er die Zunge aber nicht heraus.
Der offensiv drohende Hund wirkt überlegen, klar, ernsthaft und selbstbewusst.

VERHALTENSWEISEN, DIE BEIM OFFENSIVEN DROHEN GEZEIGT WERDEN

- Zähne blecken mit kurzen, nach vorn gezogenen Lippen. Man sieht also nur die vorderen Zähne blitzen.
- Nasenrücken in Falten legen.
- Stirn herunterdrücken, die Augenbrauen in der Mitte senken und damit „böse" Augen machen.
- Fester Blick auf den Gegner gerichtet.
- Knurren oder drohendes, tiefes Bellen mit vorhergehenden Knurrlauten.
- Dem anderen langsam näher auf die Pelle rücken.
- Immer wieder das Gesicht auf die Höhe des Gesichtes des Gegners drücken und ihn damit zum Wegsehen zwingen.
- Über dem anderen Hund aufstellen und von oben runterschauen und knurren.
- Den anderen langsam und in angespannter Körperhaltung am Bauch und Genitalbereich abschnuppern.
- Den Gegner verfolgen, drohend abdrängen oder umklammernd festhalten.

02

04

01 Die Mutterhündin hat sich einen Knochen geholt, um ihren Welpen beizubringen, dass man auf ein offensives Drohen besser mit Rückzug antwortet.

02 Der fixierende Blick in die Augen ist eine offensive Drohgeste. So ein Blick kann schon ausreichen, um Demut auszulösen.

03 Beim offensiven Drohen ist der ganze Körper und die Mimik nach vorn gezogen. Wer offensiv droht, hat Lust auf einen Angriff.

04 Offensiv heißt nicht immer laut. Ein tiefes Knurren wird hier verbunden mit einem kurzen Maulspalt und nach vorn gerichtetem Körper.

Meistens drohen Hunde mischmotiviert und nicht eindeutig offensiv oder defensiv. Hier sind deutlich mehr offensive Anteile in der Körpersprache zu sehen.

WER IST HEUTZUTAGE SCHON SOUVERÄN?

Das offensive, selbstbewusste Drohen sieht man weit seltener als das defensive. Das liegt viel daran, dass unsere Hunde schlecht geschult sind in Auseinandersetzungen, dass sie früh kastriert werden, Konflikte nicht erleben dürfen oder immer nur andere unterwerfen, die schwächer sind als sie. Die meisten Hunde sind unerfahren und suchen Streit, ohne zu wissen, wie sie den Gegner besiegen können und reagieren oft aggressiv, weil ihnen die Frustrationstoleranz und Hemmung fehlt.

Das passiert, da wir von unseren Hunden selbst sehr wenig Zurückhaltung und Frustrationstoleranz einfordern, sie wenig schulen, ihnen viel weniger zutrauen, als sie gemeinhin leisten könnten und Konflikte unter Hunden als grundböse verteufelt werden. Menschen mit Hunden, die sich öfter aggressiv zeigen, werden oft schon aus Welpengruppen geworfen, anstatt sie hilfreich zu begleiten und die Hunde in Zurückhaltung und fairem Umgang und auch in fairen Konflikten zu üben.

Aggressionsverhalten ist ein natürlicher und normaler Teil des Hundes und nicht wegerziehbar oder durch Menschen ausgelöst. Zu jedem sozialen Lebewesen gehören auch der Streit und die Auseinandersetzung. Egal, wie sehr man versucht, jemandem anzuerziehen, dass Streit etwas Schlechtes ist, er wird wahrscheinlich als erwachsenes Lebewesen in Situationen geraten, in denen er sich streitet. Wenn er dann nicht gelernt hat, wie das vernünftig und angemessen funktioniert, wie man die eigene Stärke und auch Schwäche korrekt einschätzt und wie man aus einem Streit selbstständig wieder herauskommt, dann streiten später einfach unsichere und inkompetente Persönlichkeiten und das ist gefährlicher, als wenn Hunde ruhig und souverän wissen, was sie tun.

Da unsere Hunde und Hundehalter:innen leider oft mit diesem Thema allein gelassen werden, sind meist alle Beteiligten bei einer Auseinandersetzung unter Hunden hochgradig aufgeregt und damit unsouverän, unklar und defensiv drohend, heißblütig und mit einer ziemlich kurzen Zündschnur ausgestattet.

DEFENSIVES DROHEN

Das defensive Drohen ist genauso ernst gemeint, wie das offensive Drohen, ist aber nicht selbstsicher, sondern kommt aus einer gefühlten Bedrängung heraus. Der defensiv

WUSSTEST DU, …
dass sehr individuell und situativ unterschiedlich entschieden werden muss, ob man das Drohen unterbindet oder lieber nicht?

drohende Hund hat Zweifel an seiner Kompetenz und Überlegenheit, möchte aber trotzdem in den Kampf gehen, wenn seiner Drohung nicht Folge geleistet wird.
Wie auch beim Menschen neigt die unsichere Art zu drohen, gern zu Übertreibungen. „Ich kann Karate!" ist der Satz, der es am besten trifft und ganz klar sagt, dass man eigentlich gar nichts kann und genau deswegen übertrieben droht. Nicht besonders schlau, aber wenn der Gegner auch unsicher ist, dann reicht es vielleicht für eine Pattsituation aus.
Wer nicht klein beigeben möchte, der droht eben defensiv. Deswegen sieht das defensive Drohen imposanter und gefährlicher aus, ist aber einfach ein Zeichen dafür, dass der Drohende mehr Show machen muss, weil er sich seiner Sache nicht so sicher ist. Die steigende Unsicherheit kann zur richtigen Angst werden und so ist ein extrem defensives Drohen dann das, was man mit Angstaggression meint. Genau wie beim offensiven Drohen mischen sich die Ausdrücke oft, verändern sich im Lauf der Auseinandersetzung, steigern sich oder werden abgeschwächt gezeigt.
Beim defensiv drohenden Hund kannst du dir den großen Staubsauger hinter dem Hund vorstellen, der alles nach **hinten** zieht: Die Ohren sind nach hinten angelegt, der Schwerpunkt des Körpers ist eher auf den Hinterbeinen oder vom Gegner weg gelehnt. Auch der Gesichtsausdruck, vom Nasenrückenrunzeln bis zu den gebleckten Zähnen, wird nach hinten gezogen.
Defensiv drohende Hunde knurren in einem **hellen, dünnen Ton**, oft unterbrochen von ausgehender Luft und einem Geräusch, das klingt, als würde der Hund „bla,bla,bla" sagen. Wenn der Hund ängstlicher wird, kann er sogar richtig kreischen und keifen. Sein Kopf ist eher nach oben, hinten gezogen und er schießt blitzschnell damit nach vorn, um mit einem gackernden Belllaut in die Luft zu schnappen.

Die Dobermannhündin droht defensiv von unten und zeigt Abwehr statt Demut.

VERHALTENSWEISEN, DIE BEIM DEFENSIVEN DROHEN GEZEIGT WERDEN

— Zähne blecken mit langen, nach hinten gezogenen Lippen
— Falten auf der Nase, die nach hinten gezogen wird
— Stirn nach hinten ziehen und damit eher „verrückte" Augen machen
— Rute nach unten, hinten ziehen, oder etwas einrollen
— Hohes, keifendes Bellen und Knurren
— Abwehrschnappen in die Luft mit klappernden Zähnen
— Starrer, flackernder Blick, eher am Gegner vorbei
— Schnelleres „Ausrasten" und in die Attacke gehen, die Nerven verlieren
— Abwehr zeigen, von unten gegentreten, zappeln und drohend wegspringen

WAS DAS FÜR DEN UMGANG BEDEUTET

An der Leine zu toben ist oft auch nur eine zu wenig ausgeprägte Frustrationstoleranz und Impulskontrolle. Die meisten Hunde haben einfach nicht gelernt, mit ihren Gefühlen adäquat umzugehen und rasten schlichtweg schneller aus als eigentlich notwendig oder hundetypisch. Dazu kommen schlechte Erfahrungen und das Bedürfnis sich übermäßig aufzuplustern, um direkt einen Eindruck zu hinterlassen, solange man es sich leisten kann.

WUSSTEST DU, …

dass das Ablegen oder Ducken, um dann knurrend in drohender Körperhaltung loszuschießen „Überfallandrohung" heißt und zum offensiven Drohen dazugehört?

01

Sich zu ärgern, dass ein fremder Hund den Weg entlang auf einen zukommt, ist also höchst normal für einen Hund. Sich durch die Anwesenheit des anderen Hundes „blöd angemacht" zu fühlen, ist typisch Hund. Aber direkt auszurasten und an der Leine zu toben, ist nicht automatisch die logische Konsequenz und liegt in den meisten Fällen darin begründet, dass der Mensch den Hund vorher nicht ausreichend darin geschult hat, sich zu regulieren und nicht gleich allen Gefühlen öffentlich freien Lauf zu lassen. Vergleichbar mit einem Arbeitstag, zu dem wir uns unausgeschlafen begeben und dann auch noch von einem Kunden etwas Nerviges gefragt werden. Verständlich ist es, dass wir schlechte Laune haben und gern ausrasten würden, berechtigt vielleicht auch aus unserer Sicht. Trotzdem sollten wir es dank guter Erziehung schaffen, auf die Frage zu antworten, ohne herumzuschreien und den Kunden gegen die nächste Wand zu schubsen. Das nennt man dann Selbstkontrolle.

Viel wichtiger also als herauszufinden, wieso unser Hund an der Leine aggressives Verhalten zeigt, ob es offensiv oder defensiv ist oder einfach nur Aufregung und Enthemmung darstellt, ist das Unterstützen des Hundes, sich ganz grundsätzlich zusammennehmen zu können, egal um welche Gefühle und Impulse es geht.

01 Auf der linken Seite werden mehr defensiv Signale gezeigt, während der Hund auf der rechten Bildseite offensiv droht.

02 Zurückgelegte Ohren, ein eher langer Maulspalt und eine nach hinten gezogene Nase, die den Nasenrücken in Falten drückt. Auch das Gewicht ist nach hinten verlagert.

03 Hier mischen sich passive Demut mit leichtem Stress. Der Maulkorb sitzt nach unten etwas zu eng, wurde aber nur kurz für die Fotos getragen.

04 Wer keinen Ärger möchte, droht nicht defensiv, sondern zeigt passive Demut. Wer sich ergibt, wird auch nicht verletzt, das ist die goldene Regel.

05 Der defensiv drohende Hund explodiert eher. Hier springt die defensiv drohende Dogge mit einem Abwehrschnappen herum, während der Riesenschnauzer offensiv droht.

02

03

04

05

AUFREGUNG FÜHLT SICH GUT AN

Auch Hunde können geradezu auf der Suche nach Stresshormonausschüttungen sein. Die sind nämlich ziemlich angenehm, solange einem klar ist, dass der Stress zu keiner echten Gefahr wird. Genau aus diesem Grund schauen Menschen Horrorfilme oder fahren Achterbahn. Auch durchtanzte Nächte mit Alkohol und kleineren Provokationen sind eigentlich nichts anderes als die Suche nach planbarem Stress und damit unterhaltsam für den Geist. Die Hormone, die dem Körper durch den Stress zur Verfügung gestellt werden, machen angenehm angeregt und spaßig frei im Hirn. Genau dieses Gefühl mögen auch Hunde.

WIE AUFREGUNG BEIM HUND AUSSIEHT

Aufregung beim Hund zeigt sich durch eine hohe Muskelanspannung überall im Hund und übertrieben vielen Bewegungen. Hüpfen, Springen, Tänzeln und wilde Kopfbewegungen gehören genauso dazu, wie ein Bellen in schneller Abfolge. Der Ton des Bellens ist eher hoch und es gibt keine Pausen zwischen den einzelnen Bellern.
Das Fell des Hundes ist dabei meist gesträubt, entweder über den ganzen Rücken oder eher im hinteren Bereich des Rückens. Die Rute wedelt wild und steif von einer zur anderen Seite. Aufregungsbeller scannen schon vor der Begegnung die Umwelt ab und wirken dabei fast schon freudig erregt und suchend. Manchmal winseln sie schon voller Aufregung, wenn sie einen Hund von Weitem sehen.
Wenn sie loslegen, ziehen sie in Richtung des anderen Hundes hin, nach rechts und links, vorn und hinten.
Flutscht einem die Leine mal aus der Hand, laufen sie oft zu dem anderen Hund hin, dann aber plötzlich freundlich und spielerisch, hüpfen dort angekommen wild umher und verlieren dann schnell das Interesse, wenn der andere Hund nicht ebenfalls aufgeregt mitmacht und auf die Bewegungen eingeht. Auffällig ist auch, dass das Verhalten schlechter wird und öfter auftritt, je aufgeregter der Hund ist. Hat er erst einmal gebellt, wird der nächste Hund garantiert auch angebellt. Wurde vorher wild getobt, gejagt, oder sich inbrünstig gefreut, dann neigt der Hund viel schneller zum Ausrasten, als wenn er vorher gerade besonders entspannt und langsam unterwegs war. Mögliche Emotionen wie Wut, die sich gegen die anderen Hunde richten, kommen zur Aufregung noch dazu.
Die Aufregung selbst ist in allen möglichen Farben der Emotion zu haben. Egal, ob der Hund aufgeregt und wütend, aufgeregt und ängstlich oder aufgeregt und fröhlich an der Leine ausrastet, um sich zusammennehmen zu können, ist es immer hilfreich, die Aufregung zu kontrollieren.

Ruhe kann nicht entstehen, solange der Hund sich aktiv bewegt.

AUFREGUNG KANN SÜCHTIG MACHEN

Sich aufregen zu können, kann eine geradezu süchtig machende Wirkung auf Hunde haben. Besonders dann, wenn der Hund dafür gezüchtet ist, reizoffen zu sein und eine hohe Aktivität als anregend zu empfinden. Dann kann es dazu kommen, dass der Hund sich selbst in eine ungesunde Spirale aus Stress und Aufregung begibt und durch weitere Adrenalinausschüttung versucht, ein besseres Gefühl zu bekommen, was zu weiterem Stress führt und wieder die Sucht nach Aufregung und Adrenalinausschüttungen steigert.

Diese Hunde erschaffen bewusst Situationen, in denen sie ein Drama selbst kreieren können. Sie laufen bewusst vor den Füßen des Menschen herum, um sich darüber aufzuregen, dass ihnen in die Hacken getreten wird. Sie bewegen sich selbst auf der Stelle nur im Galopp, springen in die Leine, treten auf die Leine und regen sich dann darüber auf, dass sie sich darin verfangen.

Bei Hundebegegnungen rasten sie völlig aus, egal, ob wütend oder fröhlich und verlieren sofort das Interesse, wenn der Kontakt kein weiteres Drama mehr verspricht. Jeder Reiz lockt sie und die Langeweile überkommt sie sofort, wenn es mal ruhig wird.

Das Tückische daran ist, dass die Menschen sich von ihren Hunden überzeugen lassen, dass nur noch mehr Drama, noch mehr Aufregung und noch mehr Action zu Ruhe führen werden. Denn das Letzte, was ein Dramasucher von sich aus aufsucht, ist Ruhe und Konzentration.

WUSSTEST DU, …

dass das Heilmittel gegen Aufregung Konzentration und Ruhe ist und nicht noch mehr Auslastung und Aktion?

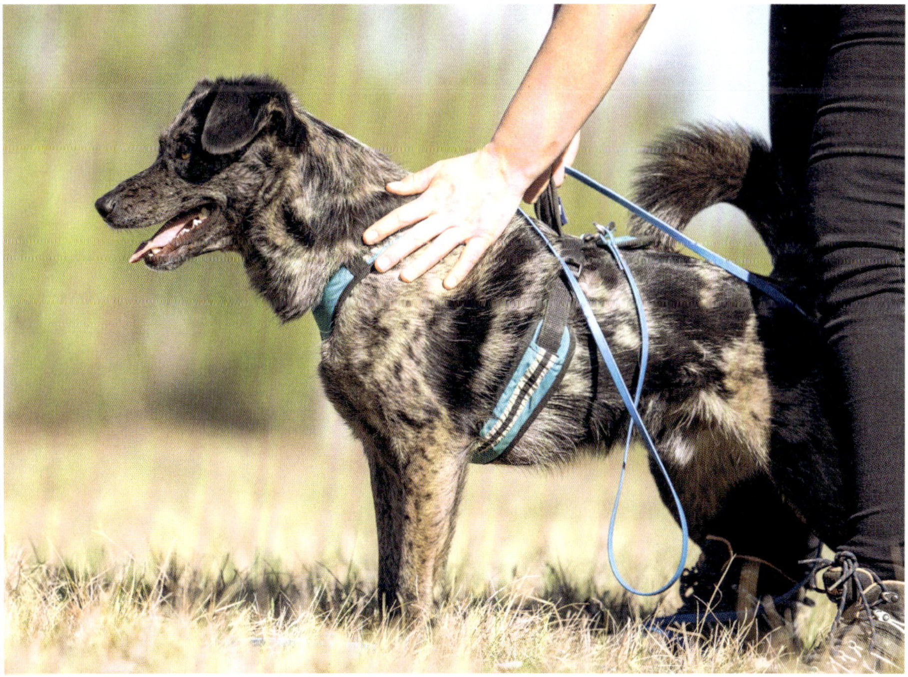

Schon das Halten und zur Statik zwingen des Hundes fährt sein System herunter und gibt ihm die Chance nachzudenken und sich emotional zu beruhigen.

Hunde, die als Welpe nicht gelernt haben an der Leine andere Hunde vorbeiziehen zu lassen, werden als Junghunde ziemlich anstrengend, wenn sie nicht mehr „hallo sagen" dürfen.

WAS DAS FÜR DEN UMGANG BEDEUTET

Wenn der Hund grundsätzlich übermäßig aufgeregt ist, dann helfen nicht nur die Vorschläge zum aktiven Stressabbau, sondern insbesondere ein größerer Fokus auf Frustrationstoleranz. Diese erlangt der Hund dadurch, dass er gezielt kleinen, frustrierenden Situationen ausgesetzt wird, mit denen er klarkommen muss. Ein Angeleint-Sein, Futter, was er nicht bekommt, oder irgendeine andere Aussicht auf etwas, was er gern hätte, was er dann aber nicht bekommt.

Ganz wichtig ist dabei wirklich, dass er das, was er gern hätte wirklich nicht bekommt. Erst recht nicht als Lob fürs brave Abwarten. Dieser Umgang kann die Erwartungshaltung des Hundes nur noch mehr schüren.

Das Objekt der Begierde oder die erwünschte Situation bleiben dem Hund verwehrt, bis er vollständig mit der Idee abgeschlossen hat, sie doch noch zu erlangen. Das Gehirn erlernt sonst nicht die Frustration des Hundes selbstständig wieder herunter zu regulieren und der Hund bleibt lebenslang davon abhängig, dass ihm jemand von außen wieder das Leben versüßt, damit er es ertragen kann, frustriert zu sein.

Selbstregulation ist aber, wie der Name schon sagt, die Fähigkeit sich selbst zu regulieren, obwohl die äußeren Umstände sich nicht ändern oder verbessern. Selbstregulationsfähigkeiten machen dauerhaft zufrieden, entspannt und sorgen für eine höhere Sozialkompetenz. Und das in allen Situationen und Kontakten. Egal, ob der Hund allein zu Hause bleiben muss, an der Leine andere Hunde sieht oder im Kontakt wütend wird. Was ihn rettet ist immer Selbstregulation. Wer das seinem Hund nicht beibringt, hindert ihn aktiv an einem zufriedenen Leben. Wer bereits beim Welpen und Junghund hauptsächlich auf das Ausprägen einer guten Selbstregulation hinarbeitet, der bekommt am Ende nicht nur einen besonders friedlichen und zufriedenen Hund ohne Ängste, er hat es auch in allen denkbaren Situationen der Erziehung leichter. **Selbstregulation ist die Superkraft schlechthin im Hundeleben!**

LEINENAGGRESSION DURCH LERNEN

Hunde lernen nicht nur, wenn wir denken, sie zu trainieren oder gezielt versuchen, ihnen etwas beizubringen. Hunde lernen den ganzen Tag und auch ziemlich viele Sachen, die für uns eher ungünstig sind.
Die allermeisten Hunde beginnen mit dem Bellen an der Leine in ihrer Pubertät. Also ungefähr zwischen acht Monaten und anderthalb Jahren, je nach Tempo der individuellen Entwicklung. Für Hundebesitzer:innen kommt dieses Verhalten oft völlig aus dem Nichts. Genauso wie bei menschlichen Teenagern versuchen sie, sich dieses plötzlich auftretende Verhalten mit äußeren Umständen zu erklären. Der schlechte Umgang und die Freunde halten für gewöhnlich beim Menschen als Erklärung her, dass der 16-Jährige plötzlich raucht und flucht. In Wahrheit ist es aber ganz schlicht und ergreifend der Umbau im Gehirn, der die Impulskontrolle und Frustrationstoleranz heruntersetzt und gleichzeitig die Risikobereitschaft erhöht und den Drang steigert, sich mit anderen zu messen. Diese Nebenwirkungen der Entwicklung haben einen tiefen Sinn und sind für das Erwachsenwerden und auch für das Vernünftigwerden wichtig.
Wird beim Hund diese Entwicklung durch eine Kastration unterbrochen, so kann sich nie auf die gleiche Weise Vernunft und Souveränität ausbauen wie bei einer normalen und ungestörten Entwicklung des Gehirns. Er wird dadurch immer unter seinen genetisch mitgegebenen Möglichkeiten spielen. Auch wenn er trotz Kastration vor dem Ende der Pubertät ein cooler und vernünftiger Hundetyp wird, so wäre er noch cooler und vernünftiger geworden, wenn seine Entwicklung nicht unterbrochen worden wäre. Das gilt sowohl für Rüden als auch für Hündinnen und ist der Grund, weshalb man besonders vor dem endgültigen Ende der Pubertät mit ca. drei bis vier Jahren sehr genau überlegen sollte, ob eine Kastration notwendig ist oder noch herausgeschoben werden kann.

Aber zurück zum bellenden und pubertierenden Hund an der Leine: Dank der Entwicklung tritt das unerwünschte Verhalten plötzlich auf. Meistens phasenweise ansteigend. Zuerst wird es nur gezeigt bei dem Hund, der vorher schon nicht zu den besten Freunden gehörte. Dann allen gegenüber, die ihm ähneln, die das gleiche Geschlecht haben oder in derselben Gegend spazieren gehen. Irgendwann ist es für die Besitzer:innen nicht mehr zu sehen, welchem Muster der Hund folgt und hängt nur noch daran, mit welcher Laune der Hund aufgestanden oder wie aufgeregt er sowieso gerade ist.
Je höher die Erregung, egal, ob fröhlich oder wütend, desto höher die Gefahr, dass sich der Hund auch beim nächsten Aufeinandertreffen mit Hunden wild bellend zeigen wird. Ruhe und Statik helfen also auch

vorbeugend, dem Hund zu erleichtern, sich zusammenzureißen.

Das plötzlich auftretende Leinenpöbeln führt oft dazu, dass der Mensch versucht, seinen Hund abzulenken. Es wird gefüttert und gesprochen und ein riesiges Thema aus dem nahenden Hund gemacht. Vielleicht versucht der Besitzer sogar, den Hund zu beruhigen, weil er denkt, dieser hätte Angst und lobt aus Versehen mit vielen freundlichen Worten und Aufmerksamkeit bereits das Anstarren der anderen Hunde. Daraus ergibt sich dann ein richtiggehend eintrainiertes Verhalten. Immer wenn ein Hund auftaucht, überlegt der eigene Hund, zu bellen und bekommt direkt Futter und verbales Lob.

So arbeitet sich das Verhalten schnellstmöglich ein und der Hund kann nur denken, dass das sowieso lohnend anfühlende Bellen auch noch erwünscht ist. Das später dazukommende Schimpfen des Besitzers kommt ihm eher vor, als würden sie nun gemeinsam den anderen Hund anschreien. Er selbst

01

02

03

01 Aufmerksames Beobachten in imponierender Körperhaltung. Hier kann noch alles an Kontakt entstehen, je nachdem, wer sich jetzt nähert.

02 Niemand IST so, oder so. Es wird sich je nach Situation von einer anderen Seite gezeigt. Angepasst an das Gegenüber und die Umstände.

03 Beide Gegner drohen offensiv und spiegeln sich gegenseitig perfekt. Beide sehen sich in der überlegenen Position.

kann nicht gemeint sein und da er sowieso mit seiner Aufmerksamkeit vollkommen bei dem anderen Hund ist, bekommt er die Ansprache überhaupt nicht richtig mit. Rucken und Zerren an der Leine, während der Hund bereits tobt, heizt ihn noch mehr an, besonders wenn es im ständigen Wechsel zu säuselnden Worten und Futter steht und damit in seiner Aussage völlig verwaschen wird. Das Letzte, was durch ständig wechselndes Loben und Strafen in einer hohen Erregungslage transportiert wird, ist nämlich Klarheit.

Und da wären wir wieder bei dem Punkt, der bereits im Haus dafür sorgt, ob der Hund den Menschen in seinem Anspruch etwas zu verbieten überhaupt wahr- und ernst nehmen kann. Die erlernte Verhaltenskette also wieder abzubauen, beruht erst

WUSSTEST DU, ...

dass es manchmal schon ausreicht, den erlernten Kreislauf der Leinenaggression zu durchbrechen, indem man sich als Besitzer:in raushält und den Hund ignorierend weiter zieht?

einmal ganz maßgeblich darauf, sich selbst zu einer ruhigen und klaren Aussage dem Hund gegenüber zu bringen. Entweder ein klares Nein, nicht als ausgesprochenes Wort, sondern als unterbrechende Handlung, oder ein klares Ja. Beides abwechselnd ist verwirrend und führt auch bei Leinenaggression zu langsamerem Lernen.

WAS DAS FÜR DEN UMGANG BEDEUTET

Es gibt sehr viele Methoden, Leinenagression schnell und effektiv zu beenden. Das Problem ist oft, dass jeder mal irgendwo irgendwas gehört hat und einfach selbst loslegt, ohne zu wissen, wie die Methoden genau aussehen und welche überhaupt sinnvoll sind. Ob der Hund an der Leine ausrastet, wird aber durch mehr entschieden als über eine eingesetzte Technik im Konflikt. Auch die Art des grundsätzlichen Zusammenlebens entscheidet darüber, wie er sich an der Leine benimmt. Wie der Hund allgemein an der Leine läuft und wie rücksichtsvoll er mit seinem Menschen umgeht, beeinflusst einen Trainingsverlauf. Und nicht zuletzt spielt hier wieder die bereits erwähnte Frustrationstoleranz, die eine Grundlage für anständiges Benehmen ist, mit rein.

Leinenaggression zu verändern ist aber kein Hexenwerk und im Normalfall sollte das Thema spätestens nach ein paar Wochen vollständig gegessen sein. Auch hier bleibt also nur zu raten, sich professionell coachen zu lassen, bevor man jahrelang unglücklich und peinlich berührt mit dem Hund durch die Straßen zieht.

ES GIBT IMMER EINEN GUTEN GRUND

Nichts ist mehr „typisch Hund", als andere Hunde zu verbellen. Auch wenn manchmal noch eine echte Unverträglichkeit mit Artgenossen dahinterstehen kann und sogar ab und zu wirklich eine Situation das Verhalten ursprünglich ausgelöst hat, so kann man mit Fug und Recht behaupten, dass Hunde das nun mal gern tun. Ganz ohne tiefenpsychologische Analyse, traumatischen Auslösereiz oder andere mysteriöse Gründe: Hunde auf der ganzen Welt bellen andere Hunde in ihrem Territorium an. Egal, ob hinter dem Gartenzaun, an einer Kette oder beim Spaziergang an der Leine. Was alles zum eigenen Territorium gehört, entscheiden Hunde unterschiedlich und während es bei einem Hund nur die bekannte, eigene Gassistrecke vor der Haustür ist, so reicht anderen Hunden ein Aufenthalt von drei Minuten an einem fremden Ort, damit der als eigenes Refugium annektiert wird. Zusätzlich machen es Feindschaften oder vorausgegangene Attacken auf Hunde an der Leine natürlich nicht besser. Diese Erlebnisse kommen dann noch obendrauf und verschärfen die Lage. Auch für die Besitzer:innen sind Erfahrungen schlimm, bei denen ihr Hund zum Beispiel von freilaufenden Hunden angegriffen wird. Die Unfähigkeit der anderen Hundebesitzer:innen ihre Hunde abzurufen, macht die Situation dann auch noch unüberschaubarer und der Mensch mit dem angeleinten Hund fühlt sich zusätzlich ausgeliefert und bedroht. Auch bei Menschen macht das Angst, was zum gleichen Verhalten führt, wie es weiter oben für Hunde aufgelistet steht. Die Kommunikation wird erschwert, die Nerven liegen blank und von besorgt zu genervt ist es nur ein kleiner Schritt. So werden Begegnungen von unangeleinten Hunden, die zu angeleinten Hunden laufen, immer wieder zum Aufhänger für Streit unter Hundehalter:innen.

HILFE, DER ANDERE HUND KOMMT!

Das kennen viele Hundehalter:innen: Ein unangeleinter Hund rennt zu einem herüber, die Besitzer:innen rufen fröhlich: „Der tut nix!", und meinen damit eigentlich „Der gehorcht nicht!". Wer hier sich verstanden fühlend aufseufzt, der ist in guter Gesellschaft. Aber warum machen Hunde das und was bedeutet es für sie, wenn ein unangeleinter Hund uneingeladen rüberkommt? Hunde wissen, was Leinen sind. Sie wissen nicht nur, was es bedeutet, wenn sie selbst angeleint sind, sondern sie verstehen auch, dass andere Hunde durch ihre Leine eingeschränkt sind. Natürlich ist es dann verlockend, sich ein bisschen aufzuspielen, wenn man aus der komfortablen Position frei zu sein, einen angeleinten Hund mit Imponierverhalten provozieren kann. Hunde sind eben auch manchmal echt fies! Andere erschrecken, ihre Vorteile ausspielen und dem angeleinten Hund eine lange Nase drehen ist einfach typisch Hund.
Wenn man mal alle Ereignisse zusammenzieht, bei denen die oben beschriebene, unangenehme Situation zustande kommt, dann lässt sich sagen, dass in den aller, allermeisten Fällen nichts passiert. Selbst wenn mal etwas passiert, dann ist das trotzdem für gewöhnlich die Ausnahme und nicht die Regel. Auch wenn es dem leidgeplagten Menschen hinter dem angeleinten Hund oft so vorkommt, als würde es jedes Mal zu einem Drama kommen, so ist das doch meist das subjektive Empfinden durch die hohe, emotionale Belastung.

WUSSTEST DU, ...

dass man in Deutschland auch auf Freilaufflächen verpflichtet ist, seinen Hund davon abzuhalten, fremde Menschen zu bedrängen, die das nicht möchten?

Für viele ein Alptraum: Ein fremder Hund kommt einfach rüber. Vielleicht ist die eigene Hündin läufig, der Hund unverträglich mit anderen Hunden, ängstlich oder krank. Egal, wie freundlich der eigene Hund ist, ist der andere angeleint, gilt es den eigenen Hund ebenfalls heranzuholen.

Was also passiert, wenn ein Hund einen anderen Hund sieht und angelaufen kommt: Jeder Hund bewegt sich ja, wie oben schon erwähnt, in seinem Wald, auf seinem Weg oder in seinem Dorf. Jeder Hund sieht sein Revier als sein persönliches Wohnzimmer und ist mehr oder weniger begeistert über unangekündigten Besuch, der sich einfach am Kühlschrank bedient und auf die Couch „pflätzt" als wäre es seine.

Für die meisten erwachsenen Hunde gilt es, erst einmal herauszufinden, wer sich da in den eigenen Raum begibt und ob das ok ist. Deswegen rennen Hunde zuerst zu anderen Hunden hin, oft bezeichnet mit „Hallo-Sagen!", was aber eher ein „He, was tun Sie hier und wer sind Sie?"-Sagen ist. Für den anderen Hund ist es aber so, als würde jemand Fremdes plötzlich ins heimische Wohnzimmer gestürmt kommen und einen pampig fragen, was man sich dabei denkt, sich hier so in seinen Sessel zu setzen, und ob man das überhaupt darf. Beide Hunde fühlen sich also in ihrem eigenen Raum abgecheckt oder überfallen.

Der Hund kommt also rüber und zeigt sich dabei für gewöhnlich imponierend und präsent. Dann stoppt er vor dem angeleinten Hund. Kennen sich die zwei, kann das Stoppen auch sehr kurz sein oder komplett wegfallen, fast immer kommt es aber zu einem Stehenbleiben und Beobachten. Das ist der Moment, in dem die Besitzer:innen der angeleinten Hunde dann für gewöhnlich die paar Sekunden Zeit haben, um rüberzurufen, dass man seinen Hund bitte zurückrufen möge.

In diesen Sekunden werten die Hunde die gesamte Situation aus:

- Wie weit ist mein Mensch entfernt, wie viel Zeit habe ich also?
- Wie wirkt mein Mensch, ist er handlungsfähig, könnte ich Ärger bekommen, oder entfernt er sich und läuft mir womöglich weg, wenn ich nicht aufpasse?
- Ist der Hund vor mir wirklich angeleint und wie groß ist sein Radius?
- Ist das Fifi XY, den ich schon dahinten an der Markierung gerochen habe?
- Ist es ein Rüde oder eine Hündin? Konkurrenz, Flirtmaterial oder jemand zum Spielen?
- Was könnte ich für mich erreichen?

Wenn es nicht mehr zu ändern ist, sollte man zumindest nicht noch die Situation verschlechtern und dem eigenen Hund Raum geben, um zu kommunizieren.

— Wenn der andere Hund Konkurrenz ist, schaffe ich es, ihn im Kampf zu besiegen?
— Wenn es ein Hund zum Anflirten ist, könnte ich bei ihr/ihm landen?
— Sieht der Mensch zu dem Hund aus, als sei er handlungsfähig und könnte ich hier Ärger bekommen?

Hunde sind blitzschnell im Auswerten von Situationen. Alle diese Fragen stellen sie sich in wenigen Sekunden und passen daraufhin an, ob sie sich weiter annähern, zurücklaufen oder noch länger stehenbleiben, um die Situation noch besser überschauen zu können.

Laufen sie zurück, so liegt das in den seltensten Fällen daran, das sie dem Ruf ihres Menschen folgen, sondern eher, dass sich die Situation vor ihnen als uninteressant oder unüberwindbar gezeigt hat. Häufig glauben die Menschen auf der anderen Seite der Situation, ihr Hund würde in der Hälfte der Fälle gehorchen, dabei hat ihr Hund einfach nur in der Hälfte der Fälle entschieden, dass er bei dem angeleinten Hund nicht zu seinem Ziel kommen wird und deswegen auch wieder gehen kann. Auch allein schon das wilde Hinrennen und wieder Zurückrennen ist eine Demonstration der eigenen Freiheit und Überlegenheit dem angeleinten Hund gegenüber und reicht manchen Hunden als provokativer Akt aus, um sich gut zu fühlen. Ist die Intention des unangeleinten Hundes, den angeleinten Hund in seine Schranken zu weisen oder sexuell zu bedrängen, dann kann es sein, dass er sich hier in einer guten Position sieht, seine Ideen in die Tat umzusetzen.

WAS DAS FÜR DEN UMGANG BEDEUTET

Grundsätzlich ist es als unnötig anzusehen, seinen Hund ungefragt zu fremden Hunden laufen zu lassen. Selbst wenn der eigene Hund nicht unbedingt nach Ärger sucht oder es zumindest augenscheinlich nicht so ist, dann gibt es doch einige Hunde, die zum Beispiel unverträglich mit fremden Artgenossen sind, krank, vielleicht sogar sterbenskrank. Läufig, gerade dabei zu trainieren, sich an der Leine selbst zurückzunehmen oder ängstlich. Auch ist das Hinstürmen weder unter Hunden noch unter Menschen höflich und hat nichts mit einer freundlichen Begrüßung zu tun, sondern immer mit einem Abchecken und Kontrollieren anderer.

So lange der Hund also nicht zuverlässig abrufbar ist, gilt es, ihn an der Leine zu behalten und falls er doch einmal in der Pubertät unverhofft zu einem anderen Hund rennt, dann darf man sich entschuldigen und dankbar hinnehmen, wenn der angeleinte Hund dem eigenen Schnösel beibringt, dass das unangebracht ist, indem er ihn anknurrt, wegschubst oder leicht ins Fell knufft. Jedem kann so etwas mal passieren, wenn der Hund jung ist, der Umgang damit macht es dann wieder tragbar oder eben nicht.

Für den eigenen Hund gilt, dass man wohl damit leben muss, dass man als Besitzer:in irgendwann diese Erfahrung machen wird, dies ist auf beiden Seiten wahrscheinlich. Natürlich kann man, wenn sich ein fremder Hund nähert, den eigenen Hund hinter sich bringen und den herankommenden Hund mit imposanter Körpersprache und einer eventuell nach vorn geschwungener Jacke oder einem Aufstampfen und Anschreien versuchen, zu verscheuchen. Das funktioniert auch oft sehr gut. Man sollte sich nur darüber im Klaren sein, dass hier ein imposantes Posing notwendig ist, und dass so ein Auftritt auch zu Aggression dem Menschen gegenüber führen kann, während der fremde Hund mit dem eigenen Hund vielleicht gar kein Problem gemacht hätte.

Ich rate schwer davon ab, fremden Hunden ins Halsband zu greifen oder die Hände zu ihnen auszustrecken. Auch Tränengas geht oft, im wahrsten Sinne des Wortes, nach

hinten los. Hunde sind körperlich hart im Nehmen und haben eine wesentlich höhere Schmerztoleranz als Menschen. Wenn man sie wegscheuchen möchte, dann über einen guten Auftritt, mentale, körpersprachliche Präsenz und Ernsthaftigkeit und nicht über Schmerzen. Gar nicht nur wegen der moralischen Frage, ob es ok ist, anderen Hunden Schmerzen zuzufügen, sondern auch, weil es viel schwerer ist als gemeinhin angenommen, Hunden überhaupt Schmerzen zuzufügen, die sie als relevant betrachten, während sie in der Kommunikation sehr zugänglich sind. Kommt der andere Hund trotz aller Versuche trotzdem näher, dann, aber auch wirklich nur dann, ist es ratsam die Leine so lang wie möglich zu halten, einen Schritt zur Seite zu gehen und dem eigenen Hund die Chance zu geben, sich zu behaupten. Auch Hunde haben eine Kompetenz und auch wenn dieser Moment schlimm sein kann, so dürfen wir nicht vergessen, dass nun auch unser Hund entscheiden kann, wie diese Situation ausgeht. Er kann sich wehren, sich ergeben und sich „einen Zacken aus der Krone brechen", er kann versuchen, über ein gestelltes Spiel gut Wetter bei dem anderen zu machen oder andere Möglichkeiten der Kommunikation nutzen, um die Situation zu klären. Er ist ein Hund, kann die Hundesprache und hat ein Interesse, diese Situation möglichst unbeschadet zu überstehen. Ihn zumindest nicht an der Leine wegzureißen oder an sich ranzuzerren ist das Beste, was wir in dem Moment hilfreich beisteuern können. Und natürlich überlegt und ruhig zu bleiben und bedacht die Situation zu beobachten oder auf den/die andere/n Hundebesitzer:in zu warten, statt auch noch schreiend und aggressiv die Stimmung anzuheizen.
Egal, ob es wirklich notwendig ist, einzugreifen oder nicht, es ist sicher niemals notwendig oder hilfreich, kopflos und schreiend

01

an beiden Hunden herumzuzerren. Das ist in der Lage leichter gesagt als getan, ohne Frage! Wie man Verhalten und Körpersprache von Hunden zu wissen einschätzt, hilft in so einem Moment ungemein, um die Gefährlichkeit der Lage realistisch abwägen zu können. Sich bei einem Profi zu schulen, Hunde körpersprachlich wegzuscheuchen, kann ebenfalls eine gute Möglichkeit sein, zu mehr Sicherheit zu gelangen.
Wichtig! Die Fotos im Buch sind keine Lernanleitung, bitte lass dich vor Ort coachen!

04

WUSSTEST DU, …
dass Hunde nicht erwarten, dass du alle anderen Hunde fernhalten kannst, sondern es vielmehr darauf ankommt, dass du den eigenen Hund nicht durch Heranzerren oder Aufheizen der Situation in eine schlechtere Lage bringst als nötig?

02

03

05

01 Wer sich bei einer/m guten Trainer:in coachen lässt, kann lernen, heranlaufende Hunde wegzuscheuchen.

02 Die eigene Körpersprache und souveränes Drohen des Menschen sind dazu notwendig. Hier siehst du, wie die Körpersprache genauso aussieht wie beim offensiv drohenden Hund.

03 Gleichzeitig den eigenen Hund unter Kontrolle halten und den anderen beeindrucken ist gar nicht so einfach.

04 Hier sieht man schon, wie der Hund Demut zeigt beim Umdrehen. Die Rute senkt sich ab, die Ohren werden zurückgezogen und der Rücken rollt sich rund.

05 So selbstwirksam zu sein fühlt sich auch als Mensch gut an. Ohne den anderen Hund zu berühren, hat sich die Besitzerin des Dalmatiners durchgesetzt.

DER HUND OHNE LEINE

LEINENLOS UNTERWEGS

Darauf freuen sich wahrscheinlich beide schon, Hund und Mensch. Angekommen in Feld und Flur wird die Leine endlich gelöst und der Hund kann frei herumlaufen, um Dinge zu tun, die Hunde gern machen.

Und jetzt wird es richtig spannend, denn in diesem Kapitel geht es auch um die Kontakte zu anderen Hunden, um Konflikte unter Hunden, Freundschaften und Spiel. Und natürlich auch darum, unkontrolliertes Jagdverhalten zu erkennen und zu vermeiden.

EINE WELT VOLLER REIZE

Kann der Hund sich frei bewegen, zeigt sich spätestens dann, ob der Mensch „etwas zu melden" hat, denn die Welt da draußen bietet so viele ablenkende Reize.
Wovon sich Hunde ablenken lassen, liegt an ihrer Rasse, ihrem Geschlecht, Alter und Charakter. Ist die Beziehung zum Menschen klar strukturiert und hat der Hund gelernt, dass er wirklich kommen muss, wenn der Mensch ruft, dann kann der Hund die Freiheit genießen, ohne Leine spazieren zu gehen. Je nachdem, wofür die eigene Hunderasse gezüchtet wurde oder auch die Mischung verschiedener Rassen, aus denen der Hund besteht, sind Hunde mehr oder weniger selbstständig veranlagt.

Um ohne Leine laufen zu können, muss ein zuverlässiger Rückruf, auch bei Ablenkung, selbstverständlich möglich sein. Wer seinen Hund jederzeit abrufen kann, kann ihm die größtmögliche Freiheit schenken.

SELBSTSTÄNDIGKEIT

Eigentlich ist Selbstständigkeit etwas Gutes für das Individuum. Die eigene Unabhängigkeit bedingt eben auch wenig Verlustängste, dafür aber Selbstwirksamkeit und Selbstfürsorge – für den Hund also erstrebenswert, für uns dagegen schwieriger, je selbstständiger der Hund handelt.
Eine größere Eigenständigkeit wird oft fälschlicherweise mit mangelnder Liebe gleichgesetzt. Dabei spricht eigentlich ein „Bleiben wollen" für eine stabilere Bindung, als ein „Bleiben müssen" durch die Angst, den Menschen verlieren zu können. Ein sicher gebundener Hund hat durchaus eigene Interessen und schwirrt nicht ständig um die/den Besitzer:in herum. Beim Spazierengehen ohne Leine sollte es deswegen auch nicht nötig sein, den Hund andauernd zu beschäftigen oder von der Umwelt abzulenken, denn wer eine stabile Beziehung pflegt, der braucht keine permanente Ansprache, um nicht aus Langeweile davonzulaufen.

FREILAUF – EIN GEMEINSAMER WEG

Mit der richtigen Erziehung kann das Freilaufen zu einem gemeinsamen Weg werden, auf dem aber auch jeder seinen Interessen nachgehen kann, ohne den anderen dabei aus dem Kopf zu verlieren. Der Hund kann

es leisten, wenn es denn von ihm abverlangt wird, selbst zu schauen, wohin der Mensch geht und sich anzuschließen. Er kann lernen, ohne Aufforderung zum Menschen zurückzulaufen, sobald sich ein fremder Hund nähert. Im Gegenzug achtet der Mensch auf das große Ganze, ruft, wenn sich eine unvorhergesehene Situation ergibt oder der Hund noch nicht sehen kann, was da kommt.

Hunde haben die Fähigkeit zu erlernen, ohne ein einziges Mal gerufen zu werden, mitzulaufen und selbst dafür zu sorgen, dass sie immer dabeibleiben und nicht verloren gehen. Wir Menschen bringen uns in der Erziehung nur so oft „helikopterartig" ein, dass der Hund keine Notwendigkeit mehr darin sieht, selbst mitzudenken.

WAS DAS FÜR DEN UMGANG BEDEUTET

Ein kleiner Welpe ist meistens sehr gut ohne Leine gehorsam und folgt, ohne dass man ihn ständig ruft und lockt. Man darf sich nur nicht zu unvorhergesehen und schnell bewegen. Ihn kann und sollte man auch so viel wie möglich ohne Leine laufen lassen, solange die Umgebung sicher ist.
Dann kommt der Hund in die Pubertät, der Freilauf ist nicht mehr einfach möglich und braucht eine Pause im Hundeleben. Alles wird in Frage gestellt, plötzlich muss man für etwas arbeiten, was vorher selbstverständlich war. Hier gilt es durchzusetzen, dass der Hund das, was er eigentlich kennt, auch tun muss, auch wenn er jetzt plötzlich keine Lust mehr dazu hat. Natürlich weiß er da

Wer nur locken kann, um den Hund zu sich zu holen, hat nichts mehr in der Hand, wenn etwas anderes in der Welt noch mehr lockt als das versprochene Leckerchen.

schon, was das Kommando „Hierher!" bedeutet, er hat aber andere Interessen und als Mensch ist man nun nicht mehr das Wichtigste auf der Welt.
In der Pubertät wird der Hund erwachsen, nabelt sich ab und wird selbstständig. Er findet seine eigenen Interessen und das ist auch gut so. Das hat nichts mit einer schlechteren Beziehung zu tun, es ist eine natürliche Entwicklung, mit der man als Mensch mitgehen muss. Nun gilt es, etwas dafür zu tun, dass man in den Vordergrund rückt und da beginnt die Arbeit.
Während die Welpenzeit geprägt ist durch unbeschwertes Zusammenwachsen, das Beibringen der Grundkommandos und das sanfte und liebevolle Zeigen der Welt, ist die Pubertät eine Phase des Durchsetzens, Verbietens und der Revolution, Revolution gegen Regeln und Grenzen und gegen die anderen Hunde, nicht gegen dich als Person. In Frage zu stellen, bevor akzeptiert wird, ist ein wichtiger Teil der Entwicklung. Setzt du diese Regeln und Grenzen nun durch und bestehst darauf, dann werden sie zur Wirklichkeit und zum Alltag des Hundes. Tust du es nicht, wird er sie so verschieben und biegen, wie er es möchte, denn der Hund ist ein kluges Tier.

WUSSTEST DU, ...
dass die meisten Hunde weit unter ihrem Potenzial laufen, was den zuverlässigen Rückruf angeht, weil die meisten Menschen das Zurückkommen nicht durchsetzen können und nur locken?

JAGDVERHALTEN STELLT ALLES IN FRAGE

Während der Wolf noch jagt, um seinen Hunger zu stillen, wird das Jagdverhalten unserer Hunde durch die Haustierwerdung immer unnatürlicher und kann sogar merkwürdige, gefährliche Formen annehmen.

BEIM JAGEN HÖRT DIE FREUNDSCHAFT AUF

Jagdverhalten steht erst einmal nicht im direkten Kontext zur Beziehung, auch wenn man es nicht komplett entkoppeln kann, denn der zuverlässige Gehorsam und das Ausreifen der hündischen Impulskontrolle allgemein liegen ja durchaus in unserer Hand. Natürlich hat es auch damit etwas zu tun, wenn der Hund wegrennt und jagen geht. Genauso wie eine ungünstige Förderung von Jagdverhalten in unserer Verantwortung liegt.

Die Tatsache an sich, dass der Hund gern jagen möchte, dass er sich dadurch so weit von uns entfernt, dass er verloren gehen könnte, ist aber kein Beweis mangelnder Liebe oder Beziehungsdichte. Es ist erst einmal ein sehr privates Thema des Hundes, das übermäßigen Raum in seiner Welt einnehmen kann.

Jagdverhalten ist schwer zu kontrollieren, da es für den Hund zu einer extrem angenehmen Hormonausschüttung kommt, sobald er dieses Verhalten zeigt. Ist er auch noch genetisch vorbelastet, genau diese Hormone schnell und in großer Zahl bilden zu können, dann trifft ihn die Jagdlust wie ein Schlag. Alles kann dahinter unwichtig werden: Hunger, Schmerz, Erschöpfung, Freundschaft, manchmal sogar wirklich alles und dann wird die Jagdlust zu einem Suchtverhalten, das als einziger Lebenssinn Freude bereitet.

Genetisch besonders anfällig sind dabei gar nicht mal nur die Hunde, die wir gemeinhin als Jagdhunde kennen, sondern viel öfter die, bei denen das ursprüngliche Jagdverhalten züchterisch verändert und manipuliert wurde, um ein neues Verhalten zu erschaffen. Dazu gehört unter anderem das Ziehen und Rennen beim Husky, das Hüten beim Border Collie oder das Packen beim Terrier. Auch die extra hineingezüchtete Jagdlust der Wach- und Gebrauchshunderassen, die helfen soll, diese Hunde in der Ausbildung mit Jagdreizen zu motivieren, kann dem Hund als Suchtverhalten „auf die Pfoten fallen". Selbst wenn grundsätzlich alle Hunde eine mehr oder weniger ausgeprägte Jagdlust in sich tragen, so ist diese doch in ihrer Ausprägung sehr stark individuell.

Jagdverhalten hat nichts mit Aggression zu tun. Wer jagt, kommuniziert nicht mit seinem Opfer und empfindet auch keine

WUSSTEST DU, ...
dass Hunde vom Ballhetzen so abhängig werden können, dass es mit einer schweren Drogensucht beim Menschen vergleichbar ist?

Wut. Es geht ursprünglich ja um den Erwerb von Nahrungsmitteln und warum sollte jemand wütend auf sein Essen sein? Genauso wenig spricht man mit seinem Essen, das bedeutet auch, dass der Gejagte keine Demut zeigen kann, um den Angriff abzuwehren oder auf Gnade hoffen kann. Jagdverhalten macht Spaß, sorgt aber vor allem für eine Enthemmung. Egal wie fröhlich der Hund jagt und auch Ersatzbeute hetzt, man darf nicht vergessen, dass die Enthemmung beim Jagen dafür gedacht ist, ein Lebewesen zu töten. Deswegen ist das Wort „Spaß" in diesem Zusammenhang auch ein bisschen irreführend. Es ist diese besondere Form des Spaßes, die am Wahnsinn kratzt und einer Entrückung gleicht.

Beim Jagen ziehen sich die Maulwinkel nach oben, was wie ein Lächeln aussieht. Deswegen glauben so viele Menschen, dass ihr Hund „einfach nur Spaß" hätte und glücklich sei.

01

02

03

04

05

WIE MAN JAGDVERHALTEN ERKENNT

Hunde jagen auf zwei verschiedene Weisen. Die einen suchen aktiv, entweder durch das Schnuppern und Verfolgen von Spuren, durch das Stöbern durch das Unterholz, hohes Gras und Gebüsche oder durch ständiges Gucken.

Das Verfolgen von Geruchsspuren ist leicht zu erkennen. Der Hund läuft dabei am Boden schnuppernd, meist im Trab über den Weg oder querfeldein und wirkt aufgeregt und fröhlich. Während die Markierungen und Anzeichen für andere Hunde im Stehen erschnuppert werden, ist das Verfolgen einer Fußspur nahezu immer Jagdverhalten. Auch stehenbleiben, den Kopf hochheben und intensiv schnuppern, kann dazu gehören. Dabei blähen sich die Nasenflügel sichtbar auf und die Nase wackelt hin und her. Manchmal pumpt der Hund sogar noch Luft in seine Backen, während er im Wind erschnuppert, welches Tier sich wo aufgehalten hat.

Das Laufen neben den Wegen, im Unterholz, hochgewachsenen Getreide oder zickzack laufend und schnuppernd auf Wiesen ist ebenfalls Jagdverhalten, bei dem der Hund sucht, und wer sucht, der findet auch irgendwann.

Und es gibt Hunde, die nicht selbstständig nach etwas suchen, aber dafür wie ein Blitz hinter einem plötzlich auftauchenden Bewegungsreiz hergezogen werden, oft noch ohne zu wissen, wen oder was sie da gerade verfolgen. Bei ihnen wird das Jagdverhalten durch einen optischen Reitz ausgelöst.

WUSSTEST DU, …

dass Hunde in stereo riechen können, also mit jedem Nasenloch einen anderen Geruch gleichzeitig aufnehmen und auswerten können?

06

Auch hohe Pieptöne oder Kreischen können bei manch einem Hund zu einer sofortigen Hormoneinflutung und jagdlicher Appetenz führen, sie wie mit einem Schalter anknipsen und wahnsinnig machen.
Wer seinen Hund beobachtet, der findet schnell heraus, ob und auf welche Art dieser jagt und bekommt damit auch direkt einen Einblick, welches Verhalten er eventuell schon unterbinden muss.

KÖRPERSPRACHE UND VERHALTENSWEISEN BEIM JAGEN

- Spur aufnehmen und verfolgen
- Nase in den Wind halten und schnuppern
- Mit den Augen den Horizont oder das Dickicht absuchen
- Aufgeregte und schnelle Bewegungen und hektische Reaktionen
- Abwesendes Verhalten, Unansprechbarkeit des Hundes
- Bewegten Dingen oder Lebewesen nachrennen oder nachstarren

01 Die Art des Hechelns, zusammen mit großer Aufregung und Bewegungsfreude zeigt einem, ob der Hund gerade mit Jagdverhalten beschäftigt ist.

02 Wer suchet, der findet! Bereits das gezielte Aufsuchen von Beute und aufmerksame Absuchen mit den Augen ist Jagen.

03 Hyperfokus. Wer jagt, lässt sein Ziel nicht aus den Augen. Im Gegensatz zum offensiven Drohen sind diese aber weit geöffnet und rund.

04 Stillstehen und Starren gehört ebenfalls zum Jagen. Direkt danach folgt das Hetzen oder der Mäuselsprung, bei dem mit beiden Vorderbeinen auf den Boden gestampft wird.

05 Jagen ist kein Spiel und auch kein Aggressionsverhalten. Es ist zum Töten und Nahrung erwerben gedacht. Das Jagen von Gegenständen ist biologisch betrachtet sinnlos.

06 Das Vorstehen ist ein Innehalten mit Blick auf das Objekt der Begierde. Dabei wird meist eine Vorderpfote angehoben und in dieser Lauerstellung verharrt.

01

- Starke Muskelanspannung am ganzen Körper, auch mit Zittern
- Hecheln und schnelle Atmung
- Rote Zunge und stark durchblutetes Zahnfleisch
- Winseln, bellen, schreien, wenn der Hund abgehalten wird
- Anstarren von Wild oder sich schnell bewegenden Personen
- Mit aller Macht zum Reiz hinwollen und aufsuchen der Situation
- Verlust der Wahrnehmung von Ansprache, Schmerz oder Sozialkontakt
- Buddeln und mit den Vorderbeinen stampfend auf den Boden springen

Jagdverhalten kann auch an Lebewesen oder sogar Gegenständen gezeigt werden, die eigentlich nicht in das natürliche Beuteraster eines Hundes fallen. So geschieht es leider immer wieder, dass Hunde kleinen Kindern gegenüber jagdliche Ambitionen hegen, gerade wenn diese rennen oder kreischen, aber auch wenn Säuglinge schreien. Da die Jagdlust mit Spaß und Aufregung verbunden ist, aber nicht mit Aggression, wird dann das drängende Hinwollen zum Kind oft als Spiel oder besonders aufgeregte Liebe missgedeutet. Auch das Jagen von Gegenständen wie Fahrrädern, Autos oder Flugzeugen ist eine gefährliche und unnötige Angewohnheit, die den ursprünglichen Sinn gesunden Jagdverhaltens völlig ad absurdum führt.

02

03

WAS DAS FÜR DEN UMGANG BEDEUTET

AM BESTEN IST IMMER PRÄVENTION

Wer seinen Hund womöglich noch in jungen Jahren heiß aufs Jagen macht, der zieht sich einen besonders begabten und motivierten Jäger heran. Alles, was mit dem Hetzen, Packen und Schütteln von Ersatz-

WUSSTEST DU, …
dass nahezu alle schweren Attacken von Hunden auf Kinder in jagdlicher Motivation geschehen und nicht durch Aggressionsverhalten?

04

beute zu tun hat, ist damit eine kontraproduktive Frühförderung für Hunde. Das bedeutet, dass Bälle, Stöckchen, Zergel und Quietschies mit sehr viel Bedacht oder besser noch gar nicht zum Einsatz kommen sollten, zumindest so lange, bis der Hund seine pubertäre Entwicklung vollständig abgeschlossen hat und erwachsen ist.

Potenzielle Sucht ist vor allem in der Pubertät gefährlich. Ähnlich wie bei Menschen gilt hier, dass potenziell süchtig machende Dinge in der Pubertät ein besonderes Gefahrenpotenzial bergen, während ein erwachsener Geist sich der Verlockungen besser erwehren kann.

01 Beim Jagen geben Hunde alles. Ihre körperliche Fitness und Fähigkeiten beeindrucken uns und lassen sie im Jagdverhalten bewundernswert aussehen.

02 Konzentration auf etwas anderes ist beim Jagen kaum möglich. Auch dem Menschen gegenüber geht jede Empathie verloren, wenn es um Jagdreize geht.

03 Das Mäuse-Jagen und nach ihnen buddeln wird von einigen Hunden als Ersatz genutzt, wenn sie nicht hetzen können.

04 Wer an der Leine so enthemmt reagiert, ist sicherlich nicht kontrollierbar, wenn die Leine ab ist und ein Jagdreiz auftaucht. Hier ist Vorarbeit vor dem Freilauf notwendig.

Dazu kommt, dass auch Hunde durchaus beeinflussbar sind und sich das Verhalten von anderen Hunden abschauen. Schlechter Umgang ist ebenfalls bei jungen Hunden besonders gefährlich und manch ein Hund lernt das Jagen von seinen Freunden beim gemeinsamen Spaziergang.

Auch die Prävention direkt vor Ort macht einen großen Unterschied. Den Hund im Gebüsch suchen, neben den Wegen Spuren verfolgen oder im hohen Gras suchen zu lassen, führt immer irgendwann dazu, dass er etwas aufstöbern und aufscheuchen wird, was seine Jagdlust weckt. Darf der Hund die Wege gar nicht erst verlassen oder auf Wiesen stöbern, so verringert sich das Risiko drastisch. Ein sogenannter Jagderfolg ist im Übrigen nicht nur, wenn der Hund ein Tier erwischt und tötet, sondern ist individuell an die Vorlieben des Hundes geknüpft. So kann das Aufstöbern und Finden ein Jagderfolg sein oder sogar das mit lautem Bellen untermalte Verfolgen einer Spur.

Für die meisten Hunde ist das Hetzen, also das Hinterherrennen, das, was sie als Jagderfolg verbuchen und die höchsten Ausschüttungen von Glückshormonen in ihnen hervorruft. Manchen reicht es, dafür eine kurze Strecke zu hetzen, andere laufen mehrere Kilometer und verfallen in eine Art Rauschzustand. Für die Tiere, die gehetzt werden, kann alles zur Lebensgefahr werden, denn selbst wenn der Hund nur kurz hinterherläuft, springen Rehe in ihrer Panik oft auf die Straße oder verfangen sich in Zäunen. Wildschweine rennen wütend davon und attackieren dann womöglich einen völlig anderen Hund, auf den sie bei ihrer Flucht treffen. Die Angst bringt Wildtiere in gefährliche Situationen, sorgt sogar für Todesfälle im Nachhinein durch einen Herzschlag oder löst Früh- und Totgeburten bei tragenden Tieren aus. Allein deswegen sollte es selbstverständlich sein, dem Hund das Hetzen von Tieren nicht zu gestatten, im Sinne der Tierliebe und der eigenen Sicherheit.

WUSSTEST DU, ...

dass ein natürliches Ausleben von Jagdverhalten (am Wolf bemessen) nur zwischen ca. zweimal pro Woche und zweimal pro Monat passiert, je nachdem, was erbeutet wurde?

Auch Welpen üben das Jagen bereits spielerisch an Gegenständen. Das ist zwar niedlich, trotzdem auch eine Form der Frühförderung, die später weniger erfrischend sein kann.

WENN DER HUND ERWACHSEN IST

Ist der eigene Hund nun bereits erwachsen und zeigt ausgeprägtes Jagdverhalten, dann braucht es professionelle Unterstützung, um das Beste herauszuholen. Bei sehr vielen jagenden Hunden lässt sich mit dem richtigen Konzept noch einiges erreichen.

Ganz besondere Sorgfalt gilt im Umgang mit kleinen Kindern. Damit hier nicht aus Versehen ein jagdliches Interesse mit Spiel verwechselt wird, lohnt es sich gerade in der Konstellation Hund und Kind dreimal hinzuschauen und auf Nummer sicher zu gehen.

Viele Rassen zeigen ein besonders ausgeprägtes Interesse am Jagen und sind wirklich schwer davon abzubringen. Dabei handelt es sich häufig gar nicht um explizite Jagdhunderassen.

KOMMUNIKATION UNTER HUNDEN IM FREILAUF

Fremde Hunde zu treffen ist immer eine Herausforderung für Hunde. Dass dabei insgesamt so selten etwas passiert, spricht für ihre Anpassungsfähigkeit und Freundlichkeit.

Im Freilauf treffen Hunde immer wieder auf fremde Hunde und reagieren dabei höchst unterschiedlich. Während manch ein Kontakt freundlich, spielerisch oder mit gegenseitigem sexuellen Interesse einhergeht, kommt es auch immer wieder zu Konflikten. Viele Konflikte werden gar nicht als solche gewertet, da es längst nicht immer zu einer Beißerei kommt, aber vielleicht trotzdem kein freundliches „Hallo-Sagen" war. Trotzdem, ohne Leine laufen Hundekontakte oft anders ab als an der Leine. Hier

Wenn irgendwie möglich, sollte Hunden der Kontakt zu anderen Hunden zugänglich gemacht werden. Nicht mit jedem fremden Hund, aber mindestens mit festen Freunden.

können die Hunde selbst entscheiden, ob sie sich achtsam in einem Bogen nähern oder mit uns auf dem Weg bleiben. Außerdem wissen sie nun, dass sie besser aufpassen müssen, was sie in die Welt hinaus brüllen, denn der Schutz durch die Leine fehlt hier. Wer sich jetzt zu weit aus dem Fenster lehnt, der muss auch Taten folgen lassen. Aus diesen Gründen laufen die meisten Begegnungen ohne Leine mit weniger Ärger ab als die an der Leine.
Die nun entstehenden Kontakte werden beeinflusst davon, wie alt der Hund ist, ob er in seinem eigenen Revier unterwegs ist oder auf fremden Wegen wandelt und manchmal kommt es zu Streit unter den Hunden. Da die Leine nun niemanden mehr hält, kann es zu Keilereien unter den frei laufenden Hunden kommen. In den allermeisten Fällen sind diese harmlos und ohne die Absicht, den anderen zu verletzen. Eine gefestigte Hundepersönlichkeit, die durch gute Erziehung gelernt hat, selbstwirksam und selbstverantwortlich zu sein, kann mit Abweisung und Streit gut leben. Für uns Menschen ist es oft viel schwerer, solche Konflikte und Auseinandersetzungen zu ertragen.
Für Hunde ist das in einem gewissen Rahmen völlig normal. Dabei sollten wir nicht vergessen, dass ein erwachsener Hund auch die eigene Kompetenz besitzt, zu deeskalieren, und dass er, wenn er in Konflikte gerät, auch seinen Teil dazu beiträgt, wie sich so ein Streit unter Hunden entwickelt. Es streitet eben nie nur einer allein, auch nicht bei Hunden, und dass jemand am Ende klein beigeben muss, heißt nicht, dass er im Recht oder Unrecht war. Damit du gelassener an möglichen Streit unter Hunden herangehen kannst, habe ich später auch noch etwas zu Kämpfen unter Hunden geschrieben.
Erst einmal geht es noch um den Schritt vor dem möglichen Streit. Und natürlich auch um all die freundlichen und friedlichen Kontakte.

ABCHECKEN, KONTROLLIEREN UND SICH PRÄSENTIEREN

Sehen und gesehen werden. Hunde haben ein Bild von sich und möchten auf eine bestimmte Art wahrgenommen werden. Sie legen zwar keinen Wert auf ihre Frisur, aber auf gutes Posing. Das am häufigsten gezeigte Verhalten, wenn fremde Hunde aufeinandertreffen, ist das Imponieren. Imponieren braucht es dann, wenn die Positionen untereinander unklar sind und sich miteinander gemessen werden muss, um zu sehen, wo man steht. Deswegen kommt es besonders extrem bei Begegnungen vor und wird häufiger, je unklarer die Beziehungen der Hunde zueinander sind. Es wird sich also präsentiert und gepost, bis die Schwarte kracht, oder es auch mal zu einem Konflikt kommt, denn Imponieren birgt immer auch eine Provokation und Provokation wird oft mit Aggression beantwortet.

Während der Mensch noch denkt, sein Hund sei völlig aus dem Nichts und zu Unrecht gemaßregelt oder von einem Konkurrenten auf den Boden gedrückt worden, hat unser lieber Fiffi höchstwahrscheinlich zuvor derart mit seiner Präsenz geprotzt, dass er damit einfach selbst heraufbeschworen hat, dass jemand anderes dem Einhalt gebieten wollte. Das ist wichtig zu wissen und zu beobachten, denn zu imponieren ist eine freie Wahl! Wer sich so zeigt weiß, dass er damit Unmut auf sich ziehen kann und nimmt das in Kauf.
Imponiert der Hund also in einer Hundebegegnung, dann hat er bereits die erste Aussage darüber getroffen, dass er einem möglichen Konflikt nicht abgeneigt ist. Es ist also schwer zu sagen, wer einen Streit angefangen hat, denn die Kommunikation beginnt weit vor der Beißerei und für uns oft aus dem vermeintlichen Nichts, weil wir uns nur auf den Moment und nicht auf die gesamte Begegnung konzentrieren. Imponieren kann also einerseits deeskalieren und weitergehendes Drohen unnötig machen, oder es provoziert den Streit erst.
Das soll nun aber keineswegs heißen, dass diese Verhaltensweise irgendwie zu verurteilen wäre. Sie ist ein wichtiger Baustein in der Kommunikation unter Hunden. Dass sie sich zeigen und präsentieren, gehört zur Selbstfindung und zum Erleben ihrer Rolle in der Welt dazu. Ohne Imponieren gäbe es auch keine Bewunderung vom anderen Geschlecht und auch kein rechtzeitiges Beidrehen eines beeindruckten Gegners. Ähnlich wie beim Menschen zeigen Rüden ihre Imponiergesten oft ausgeprägter und junge, potente Hunde imponieren mehr als ältere Hunde. Auch Welpen imponieren selbstverständlich, genauso wie sie auch alle anderen Formen der Kommunikation nutzen, in Kämpfe geraten oder sich demütig zeigen. Alle diese Ausdrucksformen sind angeboren und werden mit der Zeit nur verfeinert und geschult.

Sich groß machen und Raum einnehmen mit stolz erhobenem Kopf. Auch bei uns Menschen ist Imponieren eine Geste der Selbstsicherheit.

IMPONIEREN HEISST GERADE STEHEN

Dass es passieren kann, dass der Hund dem Versprechen, seine selbst zugesprochenen Privilegien auch im Kampf einzufordern, nicht nachkommt und dann klein beigibt, wenn es hart auf hart kommt, heißt nicht, dass er das Imponieren nicht vorher genau als solches gemeint hat. Er konnte dem anderen nur eben nicht standhalten und musste seine Meinung ändern. Ein Hund, der imponiert, will imponieren und fühlt sich auch so. Er kann nicht aus Unsicherheit her-

Einnehmen des maximalen Raums: Breitbeinig, hochgereckt, der Fang schließt sich gerade und die Rute ist hoch erhoben. Wer so post, will wahrgenommen werden und ist selbstbewusst und bereit für jede Form des Kontaktes.

aus imponieren, auch nicht, wenn er an sich unsouverän ist und beim kleinsten Gegenwind vom Imponieren in Demut verfällt. Im besten Fall führt das Imponieren bei Konkurrenten, die sich als gleich stark sehen, dazu, dass von einem Kampfgeschehen lieber abgesehen wird, weil der jeweils andere eine derart „gute Show" abgezogen hat, dass sich der Gegner nicht mehr in einen Konflikt traut.

Genauso kann auf Imponieren auch vollständig deeskalierend mit Demutsverhalten geantwortet werden. Dadurch ist ein Konflikt abgewendet und jeder hat sich in seine Rolle gefunden, mit der er sich am besten fühlt. Außerdem wird auch imponiert, um einem sexuell interessanten Gegenüber zu zeigen, wie toll man ist. Imponieren, um zu gefallen, sieht allerdings etwas anders aus als das konkurrierende Imponieren.

WUSSTEST DU, …
dass auch Menschen viele identische Imponiergesten zeigen wie Hunde und in neu zusammengestellten Gruppen ebenfalls viel imponieren?

01

02

03

04

WELCHE VERHALTENSWEISEN ZUM IMPONIEREN GEHÖREN

Zum Imponieren gehört eine aufgerichtete, angespannte Körpersprache. Stell dir hier also den imaginären Staubsauger über dem Hund vor, der alles nach oben saugt. Der Blick gleitet dabei über den anderen hinweg und trifft ihn nur, während der andere wegschaut. Die Blicke beider Hunde treffen sich nicht und fixieren auch nicht, sondern wandern cool durch den Raum.
Betrachtet ein Hund den anderen in imponierender Körperhaltung für einen Moment, dann nennt man das „Blickkontrolle“. Sobald aus dieser Blickkontrolle ein Fixieren mit den Augen wird, also ein starrendes Festgucken und Aufsuchen von Blickkontakt, ist es kein Imponierverhalten mehr, sondern ein Drohen.
Imponieren geschieht immer in einer imposanten Körperhaltung. Die ganze Körpersprache ist auf das Großmachen und Aufrichten ausgerichtet.

01 Rüden markieren ab der anfangenden Pubertät mit erhobenem Hinterbein und leeren ihre Blase dabei nicht vollständig, sondern tröpfchenweise.

02 Die T-Stellung gehört ebenfalls zu den Imponiergesten. Der Hund stellt sich dabei in aufgerichteter Körperhaltung quer vor den anderen und zeigt damit seine empfundene Überlegenheit und Präsenz.

03 Das Scharren nach dem Markieren gehört auch zum Imponierverhalten und ist dafür gedacht, den Geruch der Markierung noch auffälliger zu machen.

04 Imponiertragen heißt es, wenn der Hund betont stolz Gegenstände herumträgt und mit seinem Schatz kokettiert.

Auch Hündinnen beginnen mit dieser Form des Imponierens mit der beginnenden Pubertät und meistens kurz vor der ersten Läufigkeit.

Außerdem gehören folgende Verhaltensweisen zum Imponieren:

- Markieren mit Urin oder Kot
- Scharren
- Aufgerichtet und staksend gehen oder federnd und stolz erhoben traben
- Den anderen stoppen, bedrängen und aufdringlich und nah abschnuppern
- Sich-in-den-Weg-Schieben und präsentierend vor den anderen stellen
- Sich-dazwischen-Schieben, Abdrängen von dem/der Besitzer:in oder Ressourcen
- Auf gerader Linie und in steifer Körperhaltung auf den anderen zu stürmen und ganz kurz vorher abstoppen
- Den anderen in imponierender Körperhaltung im Rennen scheuchen oder stoppen (etwas, was auf Hundewiesen oft passiert und als „Mitspielen“ fehlinterpretiert wird)
- Den Kopf oder die Pfote auflegen
- Umkreisend umeinander herum staksen ohne Blickkontakt oder Knurren

Aber auch jede Form des Präsentierens von Freiheit und körperlicher Fitness gehören zum Imponieren und werden oft vergessen: Als wichtiger Punkt ist hier zu nennen, dass sich die Forschung der Körpersprache von Mensch und Hund hauptsächlich auf Männer fokussiert hat. Auch wenn Frauen und Hündinnen die typischen Imponiermerkmale zeigen, die Männer ebenfalls zeigen, so gibt es zusätzlich noch einige typisch weibliche Formen des Imponierens, die auch Männer zeigen, aber etwas seltener.
Der Unterschied zwischen „eher männlichem“ und „eher weiblichem“ Imponieren wird bei Hunden nicht gemacht und braucht noch mehr Forschung. Auch die Verhaltensweisen, die ebenfalls als Darstellung der eigenen Uneingeschränktheit vorgeführt werden. Diese Verhaltensweisen gelten für Rüden genauso wie für Hündinnen. Alles, was gezeigt wird, um klarzumachen, dass man es sich leisten kann, sich hier ungehemmt zu verhalten.

01

02

Dazu kann gehören:

- Betont auffälliges Herumrennen durch eine Gruppe und dabei nah an allen vorbeilaufen und erwarten, dass sie schon ausweichen werden (denkst du jetzt auch an die Hundewiese und lauter zur Seite springende Menschen, die Angst um ihre Kniescheiben haben müssen?).
- Übertrieben ausladende Körperpflege und Komfortverhalten mitten im Aufmerksamkeitsmittelpunkt aller Anwesenden (laut grunzendes Wälzen auf dem Boden direkt vor den anderen, posiges Recken und Strecken und Muskeln flexen, während sich vor den eigenen Menschen geschoben wird, um diesen gegen andere Hunde abzugrenzen).
- Herumtragen von Ressourcen (Imponiertragen).

Imponiertraben wie aus dem Bilderbuch

03

- Aufdringlichkeit anderen Besitzer:innen gegenüber als Provokation dem Hund gegenüber, mit dem der Mensch da ist.

WO SICH NEUE GRUPPEN FINDEN, MUSS AUCH IMPONIERT WERDEN

Wie wichtig Imponierverhalten ist, zeigt sich auch, wenn wir unser eigenes Verhalten auf den Prüfstand stellen. Auch wir imponieren da, wo Verhältnisse ungeklärt sind und wir mit Menschen zusammenkommen, mit denen wir nicht zusammenleben. Auch wir können unser Imponieren bewusst gegenüber Hunden einsetzen und sie damit beeindrucken und unsere Position klar machen, wenn wir die passende Körpersprache einnehmen und die dazugehörigen Verhaltensweisen präsentieren.

Im Konflikt, also wenn wir etwas durchsetzen möchten, ist es hilfreich, seine Körpersprache dementsprechend zu kontrollieren und zu prüfen, um sicherzugehen, dass wir

WUSSTEST DU, …
dass Körpersprache und Ausdrucksverhalten bei Hund und Mensch intuitiv passiert und Menschen es überhaupt nicht bewusst an sich selbst wahrnehmen, wenn sie nicht darauf achten?

4

05

das, was wir sagen, auch körpersprachlich richtig transportieren. Genauso wie wir prüfen sollten, ob unsere zu stark imponierende Körpersprache einen gerufenen Hund fernhält und zu wenig einladend wirkt.

IMPONIERGESTEN, DIE WIR GENAUSO ZEIGEN WIE HUNDE

Bewusst den Weg abschneiden

Einfach mal da lang gehen, wo der andere gerade lang wollte, sich vordrängeln und den anderen im Laufen auszubremsen, geschieht in den meisten Fällen nicht zufällig, sondern ist ein Hinweis darauf, dass man findet, das Recht zu haben, sich frei zu bewegen, während der andere auszuweichen hat. So machen es Hunde und auch Menschen. Denk mal an eine Vorstandsitzung, bei der jemand aus der obersten Chefetage aus der Tür gehen möchte, während der Praktikant gerade ebenfalls durch die Tür will. Was meinst du, wer von beiden ganz natürlicherweise den anderen vorlässt? Und wer völlig selbstverständlich erwarten würde, dass der andere abbremst, um ihn vorzulassen? Diese Gesten sind etwas ganz Natürliches und haben weder etwas mit Angst oder Unterdrückung zu tun, sondern stärken das soziale Gefüge.

01 Imponierjagen wird genutzt, um den anderen einzuschüchtern.

02 Souveränes Imponieren macht noch mehr Eindruck, als wenn es übertrieben wird.

03 Beim Schnauzer beinhaltet das Imponieren schon Übergänge zum Drohen.

04 Der Riesenschnauzer drängt den Rottweiler mit einem Drohfixieren ab.

05 Auch imponierend kann man das Feld erhobenen Hauptes räumen.

Schieben und Drängeln

Wenn du Hunde untereinander beobachtest, wird dir vielleicht auffallen, dass einer sich in aufgerichteter Körperhaltung mit erhobener Rute an den anderen vorbei drängelt oder sie mit dem Körper wie zufällig wegschiebt, wenn sie zum Beispiel in deine Nähe kommen. Manchmal ist dieses Schubsen auch ziemlich ruppig und kann gezeigt werden, wenn zwei Hunde miteinander laufen und ein dritter in die beiden reinrempelt und sie damit abstoppt. Schubsen und Schieben kann auch im Spiel stattfinden, dann ist der ganze Körper aber weich wie Gummi, bewegt sich viel und sieht etwas schlaksig und albern aus.

Beim Menschen wäre das etwa, wie jemanden an der Schulter in eine Richtung drehen, seine Hand nehmen, um ihn irgendwohin mitzunehmen, ihm auf die Schulter klopfen oder sich einfach vor ihn stellen und mit der ausgestreckten Hand dahin weisen, wohin der andere sich bitte bewegen soll. Auch das kann alles freundlich und lächelnd, aber aufrecht und mit festem Blickkontakt geschehen und ist keinesfalls böse gemeint. Es ist trotzdem eine Imponiergeste, ein Anzeichen empfundener Überlegenheit und dem Anspruch, sich etwas mehr herausnehmen zu können.

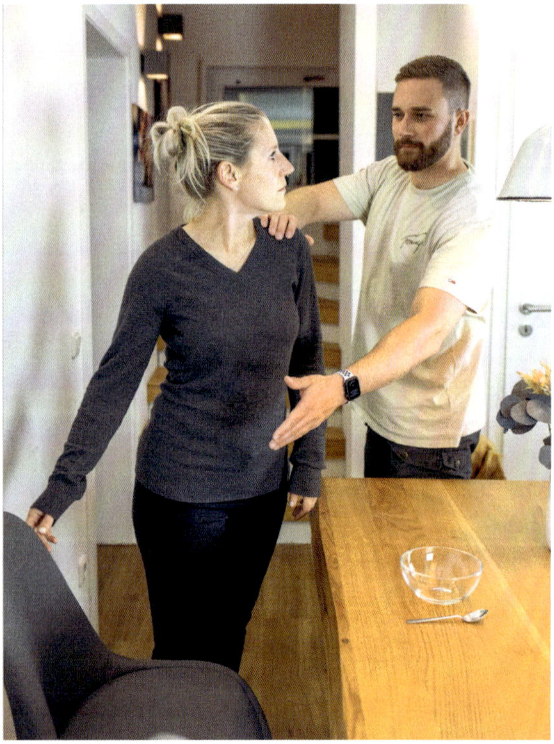

Hier unterstreicht die imponierende Körperhaltung das Privileg bestimmen zu dürfen, wo sich die Frau hin bewegen soll.

Kopf auflegen und erwarten, dass der andere stillhält

Auch das Kopfauflegen ist nur dann eine Imponierhaltung, wenn der Hund seinen gesamten Körper dabei steif macht und ganz nach oben reckt. Die Geste des Kopfauflegens allein sagt erst mal nichts aus und kann auch im freundlichen Zusammenhang vorkommen.

Als imponierende Geste ist es vergleichbar damit, die Hand in den Nacken des anderen zu legen und darauf klopfen oder kräftig in den Nacken greifen. Ohne das Lächeln und die entspannte Stimmung wäre dies eine heftige Bedrohung. So ist es immer noch eine Imponiergeste.

Pfote auflegen und erwarten, dass der andere stillhält

Auch Hunde halten sich gegenseitig mit der Pfote fest oder springen dem anderen Hund auf den Rücken auf, um ihn zu umklammern und zu halten. Das Aufreiten und Festhalten hat in dem Fall nichts mit Sexualverhalten zu tun, sondern präsentiert auf provokative Art die eigene (empfundene) Überlegenheit. Das Anfassen und Halten unter Hunden ist ebenfalls eine Handlung, die in verschiedenen Situationen und Stimmungen vorkommen kann. Wichtig ist auch hier wieder, die Körperhaltung auszuwerten, denn ohne die kann niemand sagen, ob das Pfote-Auflegen freundlich oder unfreundlich gemeint ist. Auch hier darf man ausschließlich dann Imponieren dazu sagen,

wenn der ganze Körper und die Bewegungen imponierend sind.
Das Festhalten und das Erwarten, dass der andere abwartet, machen wir Menschen ebenfalls. Das würde sich auch nicht jeder einfach so bei jedem trauen. Auch hierbei wäre Blickkontakt schon fast provokativ. Manche Hunde lassen sich deswegen bei der Körperpflege ungern festhalten, da sie das Verhalten als unangemessen imponierend und einschränkend empfinden und der Meinung sind, dass das dem/der Besitzer:in nicht zusteht. Deswegen ist es wichtig zu prüfen, weshalb ein Hund sich nicht gern festhalten lässt. Handelt es sich dabei nicht um Angst oder Unsicherheit, dann kann es auch ein Ausdruck davon sein, dass der Hund die Beziehung und seine Stellung anders einstuft als der Mensch und deswegen schnappt oder sich entzieht.

Präsent umherstolzieren

Wir finden das meist besonders schön und verbinden damit eine gute Stimmung. Genau das soll Imponieren ja erreichen. Sich selbst gut darstellen, sieht eben im besten Fall beeindruckend aus. Das Stolzieren im Schritt oder im federnden Trab gehört dazu. Der Hund zeigt damit den anderen Hunden, was für ein toller Typ er oder sie ist. Aufrechte Körperhaltung, klarer Blick, fließende und sichere Bewegungen und Handgriffe. Das sind auch bei uns Menschen Anzeichen für jemanden, der selbstbewusst und präsent durch den Raum geht und wagt, sich zu zeigen. Mit sich selbst zufrieden und im Reinen imponiert es sich souverän und richtig sympathisch. Wer sich zeigt, macht sich angreifbar und demonstriert so schon mal, dass er sich zutraut, einen Angriff abzuwehren.

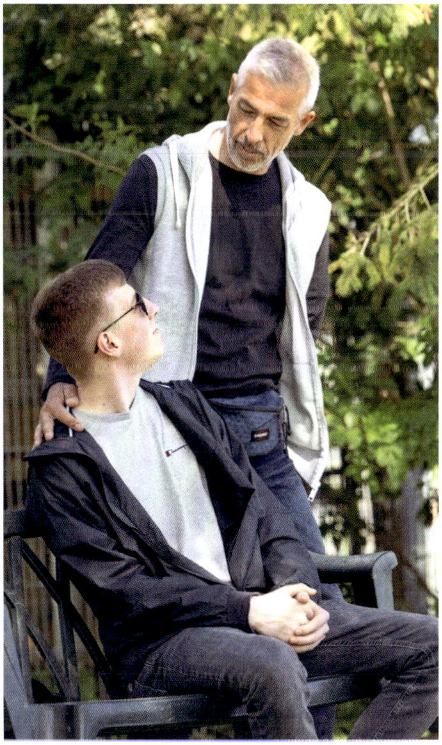

Hier ist es freundlich und macht eine Hierarchie klar. Andersherum wäre die Geste nicht denkbar.

Imponieren wirkt attraktiv. Übertrieben wirkt es eher unsicher und lächerlich.

Sich in den Mittelpunkt schieben und sich selbstverständlich mit einbringen

Bei Hunden sieht das so aus, dass sie sehr selbstverständlich in die Individualdistanz anderer Hunde reinmarschieren. Natürlich auch hier wieder in der entsprechenden Körperhaltung. Ein imponierender Hund mischt sich auch gern in gerade entstehende Kontakte oder Begrüßungen anderer Hunde ein und schiebt sich dabei unverfroren in den Mittelpunkt. Das, was wir oft als „Abchecken" und „Kontrollieren" von anderen Hunden oder Menschen bezeichnen, sind solche Verhaltensweisen.

Sich in Begrüßungen einzumischen und in den Vordergrund zu drängen, erwarten, beachtet zu werden und ganz selbstverständlich in Gespräche anderer einzusteigen ist ebenfalls auch bei Menschen eine Imponiergeste, wenn die Körpersprache dazu passend selbstbewusst, aufgerichtet und stark ist. Damit ist aber ganz explizit nicht gemeint, dass jemand hektisch und nervtötend überall mitmischen will und sich laut verhält, sondern die Selbstverständlichkeit, mit der jemand ganz ruhig in Kontakt tritt, in dem Wissen, dass er nicht übersehen werden wird.

IMPONIEREN IST ANSTRENGEND

Hunde, die nun im Freilauf aufeinandertreffen und sich beide sicher sind, dass es ihnen gebührt, mit etwas Demut und Anstand behandelt zu werden, imponieren umeinander herum, drängen sich gegenseitig ab, versuchen sich in eine gerade Position vor den anderen zu bringen und präsentieren stolz ihre gesamte Körperseite, um ihre Überlegenheit zu unterstreichen. Ihre Blicke treffen sich dabei nicht, sondern ziehen cool am Gegner vorbei oder verfolgen ihn nur so lange, bis er selbst rüber schaut. Solange beide den anderen in seiner Position akzeptieren und keine Lust auf einen Konflikt haben, wird das gesamte Zusammentreffen daraus bestehen, dass die Hunde „wie die Gockel" umeinander herumstolzieren und im Minutentakt über die Markierungen des anderen übermarkieren und danach wild scharren. Das ist selbstverständlich nicht schlimm und auch nichts, was man vermeiden müsste, es darf aber durchaus kritisch hinterfragt werden, wie oft so ein Kontakt für einen Hund sinnvoll und erstrebenswert ist und was er daraus mitnimmt. Als Kompetenztraining ist es durchaus sinnvoll und sicher auch spannend und herausfordernd für den Hund. Praktisch ist, wenn ein Hund in der Lage ist, mit fremden Hunden auszukommen. Dass er es theoretisch kann, heißt aber nicht, dass er es täglich erleben sollte.

WUSSTEST DU, …
dass es sinnvoll sein kann, das Imponieren eines Hundes situativ zu unterbinden, wenn es ansonsten zu Streit führt, dass man das Imponieren aber nicht grundsätzlich verbieten sollte?

Das Pokerface gilt es beim Imponieren zu halten. Drohgesten wie das Zähnezeigen oder Knurren gehören nicht mehr zum Imponieren dazu.

Markieren mit Urin oder Kot sind klassische Imponiergesten. Hier markiert eine Hündin mit erhobenem Hinterbein, was völlig normal und keine Seltenheit ist. Manche stark deformierte Kleinsthunde markieren sogar auf den Vorderbeinen stehend im Handstand.

WAS DAS FÜR DEN UMGANG BEDEUTET

Imponieren ist also eher eine Einstellung als eine Darstellung. Diese Einstellung wird durch die Köpersprache nach außen getragen. Gutes Imponieren ist immer langsam bewegt, sachlich, klar und mit sehr ruhigem und bewusstem Körperausdruck verbunden. Die Gliedmaßen sind unter Kontrolle und alle Handlungen durchdacht und zielgerichtet. Die Stimme ist klar und ruhig, eher etwas leiser und sachlich.

Diese Einstellung und die damit verbundene Körperhaltung und Bewegung lässt sich erlernen und erfühlen. Stell dich ruhig mal vor einen Spiegel und schau, wie du aussiehst, wenn du etwas möchtest, wie du selbstbewusst und imponierend wirken kannst und wie du dir selbst gern auch in gefährlichen Situationen folgen würdest, weil du einfach Führungskompetenz ausstrahlst. Versuche mal im Kontakt mit deinem Hund mehr Körperspannung zu halten, wenn du etwas von ihm möchtest. Denn Hunde drücken sich nicht nur selbst durch Körpersprache aus, sondern bewerten und lesen auch unsere Körpersprache. Sie sehen uns förmlich an, ob wir etwas ernst meinen oder uns hilflos fühlen.

Umso wichtiger ist es also im Umgang mit Hunden, nicht nur zu beobachten und auszuwerten, was Hunde uns sagen, sondern auf die eigene Körpersprache zu achten und sie gezielt einzusetzen, um uns verständlich zu machen. Die Grundlage für eine gute Erziehung ist also nicht das Erlernen von Dressur-Befehlen, sondern das körpersprachliche, bewusste Kommunizieren mit dem Hund.

WENN ES ZU KÄMPFEN UNTER HUNDEN KOMMT

Ob es uns gefällt oder nicht, Hunde regeln ihre Auseinandersetzungen mit Körpereinsatz. Egal, wie gut sie sozialisiert sind, zu Streit kann es immer kommen.

Führt das Imponieren nicht zum erwünschten Effekt, dann wird Drohverhalten gezeigt. Das Drohverhalten in seinen beiden Formen, dem offensiven und dem defensiven Drohen hast du im zweiten Kapitel (siehe Seite 66) schon kennen gelernt.

Um Drohverhalten zu zeigen, müssen Hunde nicht zwangsläufig vorher imponieren, und auch das Drohen kann vor einem Kampfgeschehen so kurz ausfallen, dass wir es kaum mitbekommen, oder sogar ganz weggelassen werden. Das passiert zum Beispiel

Beim Kommentkampf wird geschubst und gedrängelt, gerungen und auch gehemmt gebissen. Damit wird versucht, den Gegner mit Körperkraft zu Boden zu drücken und zur Aufgabe und passiver Demut zu zwingen.

dann, wenn Hunde sich bereits kennen und bisher einfach nur von einem Kampf abgehalten wurden. Sind sich beide schnell einig, dann wird auch keine unnötige Zeit mit Drohgebärden verschwendet.
Was auch beachtet werden sollte ist, dass auch das Kämpfen durchzogen ist von Droh- und Imponiergesten. Es wäre also falsch zu sagen, dass erst gedroht und dann gekämpft werden muss, denn auch das Kämpfen an sich ist in einer gewissen Art auch nur eine Drohung, zumindest, solange es sich um einen Kommentkampf handelt. Die Übergänge sind hier fließend und die Frage danach, wer einen Konflikt angefangen hat, ist in den allermeisten Fällen höchst emotional beeinflusst und selten realistisch aus dem gesamten Verhalten beider Hunde abgeleitet. Denn wer droht, muss noch nicht derjenige sein, der die körperliche Auseinandersetzung beginnt und jeder hat in einem Konflikt einen Einfluss darauf, wie sich der Streit weiterentwickelt, ob er für Eskalation oder Deeskalation sorgen möchte.
Auch ein Streit verläuft nicht gradlinig, sondern verändert sich während des Verlaufs. So kann er genauso von ungefährlich zu gefährlich werden, plötzlich abbrechen, aus einem vorher friedlichen Kontakt erwachsen und zu einem friedlichen Kontakt zurückführen. Keiner kann in der Sekunde einer Kommunikation vorausbestimmen, wie sie sich weiterentwickeln wird. Es kommt eben darauf an, wie sich die beiden Streitpartner verhalten werden.

DER KOMMENTKAMPF

WENN ES NICHT SCHLIMM IST, KLINGT ES SCHLIMM!

Ja, richtig gelesen! Ein sogenannter Kommentkampf unter Hunden ist eine Schlägerei, bei der es ums Recht bekommen geht. Der andere soll klein beigeben, es ist dabei nicht geplant, ihn zu verletzen, wobei kleinere Verletzungen billigend in Kauf genommen werden können. Dabei handelt es sich aber nur um Löcher oder kleine Risse im Fell oder im Ohr, nichts, was nicht mit ein paar Stichen genäht oder ein bisschen Desinfektionsmittel geheilt werden könnte.
Ein Kommentkampf gehört zum normalen Verhaltensrepertoire des Hundes und hat nichts mit schlechter Sozialisierung zu tun. Im Gegenteil, manche Hunde kämpfen einfach persönlichkeitsbedingt öfter als andere und das faire Durchsetzen ohne den anderen zu verletzen, ist eine soziale Leistung und Fähigkeit. Trotzdem ist es selbstverständlich unhöflich, seinen Hund einfach so prügelnd durch die Nachbarschaft ziehen zu lassen, nur weil es ein für Hunde normales Sozialverhalten ist, sich auch mal zu streiten. Auch hier ist immer die Frage, ob der Hund wirklich streiten muss oder einfach nur nie gelernt hat, sich zusammenzunehmen und Frust zu ertragen.
In jedem Fall ist es unnötig, dass fremde Hunde sich auf Spaziergängen kämpferisch auseinandersetzen müssen. Was sollten sie auch klären? So lange Hunde keine Notwendigkeit haben, miteinander auszukommen, weil sie im gemeinsamen Haushalt leben, den selben Gassiservice nutzen oder sonst irgendwo täglich miteinander auskommen müssen, ist es unnötig, dass sie ihre soziale Stellung zueinander in einem Rangkampf ausfechten.

KÖRPERSPRACHE WÄHREND EINES KOMMENTKAMPFES

- Imponierende Körpersprache (siehe Imponierverhalten)
- Offensives Drohen (siehe Drohverhalten)
- Defensives Drohen (siehe Drohverhalten)
- Passive Demut (die aktive Demut kennst du aus dem ersten Kapitel ab Seite 12, die passive Demut wird nach diesem Abschnitt genauer erklärt)

REGELN DES KOMMENTKAMPFES

Neben der Körpersprache kann man einen Kommentkampf – oder auch Schaukampf – an ein paar eindeutigen Verhaltensweisen erkennen und von einem ernsten Kampf mit Verletzungsabsicht unterscheiden. Auch wenn es schwerfallen mag, in dem Moment zu beobachten, so ist es immer ratsam, erst genau hinzuschauen, bevor man kopflos in einen Kampf eingreift. In den meisten Fällen macht ein Eingreifen es schlechter und sorgt oft für unnötige Verletzungen, die ohne das Eingreifen des Menschen nicht entstanden wären.
So lange es sich um einen Kommentkampf handelt, sind beide Gegner daran beteiligt und gewillt zu kämpfen. Niemand muss

01

02

03

01 Gekämpft wird mit vollem Körpereinsatz. Es geht um etwas und hat nichts mit Spiel zu tun. Der Kampf ist ernst gemeint, aber nicht dafür gedacht, den anderen zu verletzen.

02 Im Kommentkampf werden durchgehend Droh- und auch Imponiergesten gezeigt. Lautes Bellen, Knurren und Zähnezeigen sind eine lohnenswerte Energieverschwendung.

03 Allein die Wucht der klammernden Pfoten kann zu Verletzungen führen. Während beim Ernstkampf lange Rissverletzungen entstehen, sind es beim Kommentkampf Löcher im Muskelmantel.

04 Will einer der beiden den Kampf beenden, muss er gewinnen oder Demut zeigen und still liegen.

gerettet werden, so lange er sich dafür entscheidet, zu kämpfen. Ein Kommentkampf kann jederzeit von beiden Streitpartnern durch passive Demut beendet werden. Zeigt keiner der beiden Hunden Demut, dann entscheiden sich beide bewusst für den Kampf.

VERHALTENSWEISEN IM KOMMENTKAMPF

Aneinander hochsteigen

Dabei bäumt sich einer oder beide Hunde auf die Hinterbeine und versucht, den Gegner mit den Vorderbeinen zu Boden zu drücken.

Den Gegner zu Boden ringen

Dabei umarmen sich die Hunde mit den Vorderbeinen und versuchen, sich mit Körperkraft gegenseitig auf den Boden zu drücken.

Gehemmtes Beißen

Die Hunde beißen dabei ohne Kraft in den Muskelmantel oder die Ohren des anderen Hundes. Beim Wegziehen kann es dabei zu Verletzungen kommen.

Geöffnete Mäuler und in die Luft beißen

Die Hunde reißen die Mäuler auf und beißen am Körper des anderen vorbei oder schießen schnappend nach vorn und beißen klackernd in die Luft.

Viel Bewegung

Die kämpfenden Hunde laufen und rollen dabei in einem großen Radius hin und her, sodass man sie gar nicht so einfach packen könnte.

Lautes Drohen

Es wird laut gebellt, geknurrt und gekeift. Dabei ist es kaum eine Sekunde still, während die Hunde kämpfen und es klingt furchteinflößend und wild.

Unterbrechungen und Wechsel

Das Ganze wirkt wie eine keifende Wolke aus zappelnden und schubsenden Körpern, die ständig eine neue Position einnehmen, schneller und langsamer werden, zwischendurch stehen bleiben und beide drohen oder imponieren, um dann weiter zu kämpfen. Sie stehen, liegen, wechseln die Seiten, laufen ein Stück oder halten kurz inne.

04

01

02

Loslassen

Auch wenn es zu gehemmten Bissen und selbst zu gehemmtem Beißschütteln kommen kann, so sind das immer nur kurze Sequenzen im Kampf. Auch ein Festhalten des Kopfes kann es geben, solange der andere Hund sich wehrt und derjenige, der festhält, nicht schüttelt, sondern mit dem Halten nur den Gegner von sich abhält und fixiert. Beim Kommentkampf wird aber immer wieder freiwillig losgelassen, spätestens, wenn der Gegner aufhört, sich zu wehren oder Demut zeigt.

Kommunikation

Da der Kampf ein Streit ist, findet Kommunikation untereinander statt. Es wird gedroht, Demut gezeigt, imponiert und aufeinander reagiert. Es ist emotional, laut und ein lebendiger Austausch von Unhöflichkeiten. Das Ziel ist es, etwas durchzusetzen.

WUSSTEST DU, …
dass die meisten Kämpfe von den Besitzer:innen als Ernstkämpfe beurteilt werden, obwohl das so gut wie nie wirklich der Fall ist?

HINTERHER IST MAN SPÄTESTENS SCHLAUER

Selbst wenn man dabei nicht dazu kam, auf die Signale zu achten, so kann man doch im Nachhinein noch recht gut rekonstruieren, ob es sich um einen Kommentkampf gehandelt hat, auch wenn der Kampf schon vorbei ist.

Für die eigene Sicherheit kann man folgende Fragen stellen:

- War es laut? Erinnerst du dich an lautes Bellen und Knurren?
- Hast du versucht, die Hunde zu trennen, konntest sie aber nicht erwischen und
- bist hinterher gestolpert, um endlich einen zu fassen zu bekommen?
- Haben die Hunde mehr als 15 Sekunden gekämpft und es kam trotzdem zu keiner Verletzung?
- Waren Speichelflecken im Fell der Hunde?
- Haben die Hunde aufgehört zu kämpfen, ohne dass jemand extreme Gewalt oder Körperkraft aufwenden musste, um sie trennen zu können?
- Wurde ein Mensch beim Versuch, die Hunde zu trennen, gebissen?

Wenn du diese Fragen mit „Ja“ beantworten kannst, dann war es wohl ein Komment-

03

01–03
Beide versuchen, den anderen zu Boden zu werfen oder durch Drohungen zum Aufgeben zu zwingen. Technik, Selbstsicherheit und Kampferfahrung sind hier viel wichtiger als Körpergröße und Kraft.

kampf. Zu bellen oder laut zu drohen ist eine unnötige Energieverschwendung, wenn Hunde es ernst meinen und den anderen verletzen oder sogar töten wollen. Gerade Bellen funktioniert nur mit geöffnetem Maul und ist ein noch eindeutigerer Hinweis darauf, dass sich nicht sofort festgebissen werden konnte, da die Hunde sonst nicht während des laufenden Kampfes hätten bellen können.
Genauso wie das Umherlaufen oder Drängeln und auch das Zu-Boden-Drücken nur beim Kommentkampf vorkommen. Um den anderen zu verletzen, ist es völlig egal, ob er steht oder liegt, und ihn nach unten zu drücken wäre Zeit- und Energieverschwendung. Wollen Hunde sich wirklich verletzen, dann brauchen sie dafür wenig Platz und keine Bewegung, sondern beißen treffsicher und sofort zu und lassen nicht mehr los. Sämtliches Gerangel ist für eine Verletzung unnötig und kostet nur Kraft. Um einen guten Punkt zum Festbeißen zu finden, brauchen sie höchstens ein paar wenige Sekunden und sparen sich sämtliches Geplänkel und drohendes umeinander Herumtanzen. Hunde haben eine enorme Bisskraft. Auch kleinere Hunde können in Sekunden ernsthafte Verletzungen zufügen, wenn sie es denn möchten. Gerade bei kurzem Fell des Gegners entstehen sofort blutende Bissverletzungen, sobald ein Hund fest zubeißt. Kam es trotz mehrerer Sekunden Zeit zu keiner Verletzung, dann war es anscheinend auch nicht geplant. Speichelflecken im Fell oder auch nasse Flecken mit kleinen Kratzern sprechen dafür, dass gehemmt gekniffen und wieder losgelassen wurde. Auch das passiert nur dann, wenn der Biss eine Drohung sein sollte. Bei einem ernsten Kampf lassen die Hunde nicht einfach voneinander ab, nur weil jemand laut schreit, dazwischen greift oder am Halsband zieht. Besonders dann, wenn der Moment des Loslassens von den Hunden selbstständig entschieden wurde, spricht es sehr stark dafür, dass es sich nur um einen Kommentkampf gehandelt hat. Bei einem wirklichen Ernstkampf ist eine Trennung der ineinander verbissenen Hunde meist nur durch vehemente körperliche Gewalt oder das ohnmächtig Würgen des verbissenen Hundes möglich und dauert

WUSSTEST DU, …
dass es bei einem Kommentkampf weniger um Größe und Stärke, als um Technik geht und auch kleinere Hunde gewinnen können?

mehrere Minuten, ohne dass die Hunde oder der Hund, der ernst kämpfen möchte, dabei auch nur eine einzige Sekunde loslässt. Deswegen kommt es bei einem Ernstkampf auch viel seltener dazu, dass eingreifende Menschen gebissen werden. Wie auch, wenn die Hunde sich im anderen Hund festgebissen haben? Um den Menschen zu beißen, müsste das Maul zumindest kurz frei sein und das spricht wieder eher für einen Kommentkampf.

Im Kommentkampf können auch unbeabsichtigt größere Verletzungen entstehen. In den allermeisten Fällen passiert aber schlichtweg gar nichts.

WAS DAS FÜR DEN UMGANG MIT DEM HUND BEDEUTET

Die Wahrscheinlichkeit, dass Hunde jemals in ihrem Leben in einen Kampf geraten, bei dem es wirklich darum geht, den anderen zu verletzen, ist also extrem gering. Jeden Tag gibt es hunderte Kämpfe unter Hunden in Deutschland. Auf jeder Hundewiese, auf Spaziergängen und in Haushalten mit mehreren Hunden. Fast alle sind Kommentkämpfe.

Wie man bei so einem Kampf reagieren sollte, ist nur mit Vorsicht zu raten, denn natürlich bedarf es dafür immer einer individuellen Einschätzung der Situation und es gibt diverse Wenns und Abers. Grundsätzlich ist aber davon abzuraten, Kommentkämpfe zu trennen, denn meistens macht es das schlimmer. Wenn jeder/jede Besitzer:in in eine andere Richtung weg geht, ist die Wahrscheinlichkeit am größten, dass sich die Hunde möglichst schnell in Ruhe lassen und hinter ihren Menschen herlaufen. Natürlich ist das nicht immer möglich, sei es aufgrund der Situation, weil eine große Straße direkt dazwischen liegt, oder weil der andere Mensch Panik bekommt und nicht mitmachen kann. Egal, um welche Art des Kampfs es sich handelt, es ist immer gut, ruhig und besonnen zu bleiben, nicht herumzuschreien oder wild auf die Hunde einzutreten oder zu schlagen. In einem Ernstkampf wird das niemals einen Hund dazu bringen, loszulassen und in einem Kommentkampf heizt es nur unnötig die Stimmung an und hält den Kampf am Laufen. Egal, ob man nun also eingreift oder nicht, es sollte alles mit möglichst viel Ruhe und einem klaren Kopf passieren und dafür lohnt es sich, die 10 Sekunden abzuwarten und genau hinzuschauen, was hier gerade wirklich vor sich geht, bevor man agiert. So einen Kampf sinnvoll zu trennen, bedarf einer guten Kenntnis von Hundeverhalten und Körpersprache und die Fähigkeit, einschätzen zu können, welchen der beiden Hunde man denn aus dem Kampf nehmen kann, ohne dem anderen damit nur Oberwasser zu geben.

Da dieses Fingerspitzengefühl etwas für Profis ist, gilt im Zweifel tatsächlich, lieber die Finger aus dem Geschehen zu lassen und abzuwarten, bis sich die Hunde von selbst in Ruhe lassen und der Kampf vollständig beendet wurde.

Hier gilt, dass Prävention sinnvoller ist als Eingreifen. Seinen Hund einzuschätzen, vorsorglich aus Kontakten herauszurufen oder sie gar nicht zustande kommen zu lassen, ist wichtig. Ebenso ist es ratsam, nicht unnötige Ressourcen mit ins Spiel zu bringen. Futter, Stöckchen oder Spielzeuge können zum Auslöser für vollkommen unnötigen Streit werden. Allein das Wissen um diese Schätze in der Jackentasche des Menschen, kann einen Streit auslösen. Einen zuverlässigen Rückruf zu etablieren, damit der eigene Hund kontrollierbar ist, gehört ebenfalls zur Prävention. Und natürlich wieder, den Hund von Anfang an und im Alltag in Frustrationstoleranz und Impulskontrolle anzuleiten und ihn durch regelmäßige, kontrollierte Hundekontakte zu bekannten Hunden in seinen sozialen Fähigkeiten zu fördern.

Für Hunde, die gern und viel kämpfen, lohnt es sich, rechtzeitig nach einer gut geführten Raufergruppe zu suchen. Diese Gruppen werden manchmal von Hundeschulen angeboten, damit Menschen lernen können, mit dem Aggressionsverhalten ihrer Hunde richtig umzugehen. Gleichzeitig bekommen die Hunde die Möglichkeit, dort im abgesicherten Rahmen und mit Maulkorb geschützt das faire Kämpfen zu erlernen. Beide zusammen werden angeleitet, das Kämpfen auch zu unterlassen, zu stoppen oder weiterzuführen, wenn es denn angebracht und angemessen ist. So bekommen Mensch und Hund Sicherheit und arbeiten danach kooperativer und souveräner zusammen, auch wenn es mal zu Konflikten kommt. Leider gibt es immer noch sehr wenige Raufergruppen und manchmal muss man als Besitzer:in auch mal eine weitere Strecke fahren oder ein mehrtägiges Seminar zu dem Thema besuchen, um Hilfe zu bekommen.

WUSSTEST DU, …
dass die meisten Verletzungen in einem Kommentkampf dadurch entstehen, dass dritte Hunde von außen mit ins Geschehen eingreifen und beißen oder Menschen versuchen, zu trennen?

Für die Fotos wurden alle Hunde mit Maulkorb gesichert. Das heißt aber nicht, dass es ohne zwangsläufig zu Verletzungen kommen würde. Um sicher zu gehen und auch einer Entwicklung von Kommentkampf zu Ernstkampf vorzubeugen, sind Maulkörbe aber ein gutes und notwendiges Mittel.

Passive Demut wird von dem drohenden Gegenüber eingefordert und muss gezeigt werden, damit es nicht zum Kampf kommt. Wer keine Lust hat zu kämpfen, der zeigt sich nachgiebig und deeskalierend, indem er sich abrollt und still abwartet.

PASSIVE DEMUT

Aufgeben und sich entschuldigen oder einfach mal klein beigeben zu können ist notwendig, um friedlich miteinander zu leben. Die passive Demut ist das Gegenstück zur aktiven Demut, um die es ganz am Anfang ging.

Passive Demut wird eingefordert und soll einen anstehenden Kampf abwenden oder einen bereits laufenden Kampf beenden.

PASSIVE DEMUT IST SOZIALE KOMPETENZ

Auch die passive Demut gehört in den Bereich der sozialen Kompetenzen und ist eine schlaue Deeskalationstechnik. Denn wer im Kommentkampf nicht mitkämpfen möchte, der muss auch nicht. Ein Hund kann auch einfach imponierend stehen bleiben und den Gegner im wahrsten Sinne des Wortes abprallen lassen. So gibt er nicht nach, aber lässt sich auch nicht auf einen Kampf ein. Wenige Hunde können das, da es eine hohe Souveränität und Impulskontrolle fordert. Aber es gibt diese weisen Hunde, die sich nicht in einen Kampf verwickeln lassen, ohne ihr Gesicht zu verlieren.

Die nächste und häufiger gewählte Möglichkeit ist, passive Demut zu zeigen und damit so weit wie notwendig nachzugeben, um damit den Kampf zu stoppen. Wie viel Demut dafür gezeigt werden muss, liegt am Gegenüber und auch an der Vorgeschichte der Streithähne. Hat sich der Verlierer des Kampfes erst sehr spät oder nach wiederholten Kämpfen zum Aufgeben überwinden können, dann wird er wahrscheinlich zu mehr Demutsgesten greifen müssen, um den anderen davon zu überzeugen, wirklich genug zu haben und nachzugeben.

Zeigt ein Hund sofort und ausgeprägtes Demutsverhalten, so kommt es zu gar keinem Kampf und der demütige Hund hat es geschafft, jedem Risiko aus dem Weg zu

gehen. Da die passive Demut erzwungen wird, verwechseln sie viele Menschen mit Angst oder Leid. Das ist aber genauso falsch, wie die aktive Demut negativ zu bewerten und als „Schleimerei" zu bezeichnen. Beide Formen dieses Verhaltens sind wichtige Bestandteile des Verhaltensrepertoires sozialer Lebewesen.

Passive Demut soll Mitleid auslösen

Was die passive Demut im Gegner allerdings auslösen soll, ist Mitleid. Sie soll bewirken, dass er ablässt und erzeugt deswegen auch bei uns Menschen genau dieses Gefühl. Wir haben Mitleid mit dem armen Hund, der sich nun ergeben muss. Das ist auch gut so und spricht für die eigene Empathie und soziale Kompetenz. Trotzdem dürfen wir alle in einem Moment, in dem ein Hund zur Demut gezwungen wird, sachlich darüber nachdenken, dass ihm hier nichts Schlimmes widerfährt, sondern dass er sich gerade klug und handlungsfähig gezeigt hat. Unangenehmer Stress entsteht da, wo der Hund keine Handlungsoptionen mehr sieht, nichts am Geschehen ändern kann und anderen oder Situationen hilflos ausgeliefert ist. Passive Demut zu zeigen bewirkt aber, dass man damit den Streit beendet und in Ruhe gelassen wird und macht daher alles andere als handlungsunfähig. Viele Hunde nutzen darum diese Form der Demut schon präventiv und leicht überzogen, weil sie sich damit auch den Vorteil erarbeiten können, zu machen, worauf sie Lust haben und im Zweifel höchstens am Ende „Entschuldigung!" sagen müssen.

Die Form der passiven, also eingeforderten Demut im Extrem, lässt sich etwa so mit unserem Verhalten vergleichen: Wenn eine Person von der Polizei gestellt wird, ist sie gezwungen, sich zu ergeben. Tut sie das nicht, kann es gefährlich werden. Um zu beweisen, dass sie keinen Ärger möchte, bleibt sie nun also möglichst ruhig stehen und lässt sich durch Aufforderung in andere Positionen bringen. Dabei bewegt sie sich langsam und vorsichtig und ist möglichst still. Die Hände zu heben ist auch sinnvoll, also seinen Körper schutzlos zu präsentieren, ja sogar dem Polizisten den Rücken zuzuwenden, wenn der es möchte, ist nun angesagt. Dazu gehört die unausgesprochene Regel, dass dieses Vertrauen nicht missbraucht wird.

Wer sich ergibt, dem passiert nichts

Das ist auch unter Hunden die goldene Regel. Ergeben heißt allerdings, so lange still da zu liegen und sich auf den Rücken zu drehen oder zumindest geduckt da zu stehen und sich durch die Bewegungen des anderen mit dem Kopf von einer in die andere Richtung schieben zu lassen, bis der einen entlässt. Genau wie der Polizist es verlangt, muss der Hund, der unterworfen wurde, sich begutachten und beschnuppern lassen und stillhalten, bis der Stärkere ihn gehen lässt.

KÖRPERSPRACHE DER PASSIVEN DEMUT

Achtung, die Körpersprache der passiven Demut ähnelt in einigen Punkten der von Angst, weswegen sie auch so häufig verwechselt wird! Deswegen gilt es hier genau hinzuschauen und alles aus der Situation zu bewerten und zu bedenken:

— Rücken einrollen und rund machen
— Kopf und Blick abwenden und gezielt wegschauen
— Große Kulleraugen machen, die aber nicht hervortreten
— Ohren ganz nach hinten legen
— Maulwinkel nach hinten ziehen, Lippen geschlossen
— Kurzer Hals, kurzer Rücken
— Eingerollte Rute bis zum Bauch hoch

VERHALTENSWEISEN UND AUSDRÜCKE DER PASSIVEN DEMUT

— Kurzes, hohes Aufquieken (kein Schmerzlaut)
— Ausweichen und weggehen (als Antwort auf eine Drohung)
— Sich über die Schnauze „beißen" lassen (es wird sanft gebissen)
— Das Körpergewicht vom Gegner weg auf die andere Seite lehnen
— Vorderpfote heben und sich dabei weg lehnen
— Hinsetzen und angedeutet oder vollständig auf den Rücken drehen
— Den Körper zusammenziehen und klein machen
— Auf die Seite oder den Rücken rollen und den Bauch zeigen
— Hinterbein anheben und den anderen am Bauch schnuppern lassen
— Sich vom Gegner im Zeitlupentempo in eine Richtung schieben lassen
— Sich fallen lassen und liegen bleiben

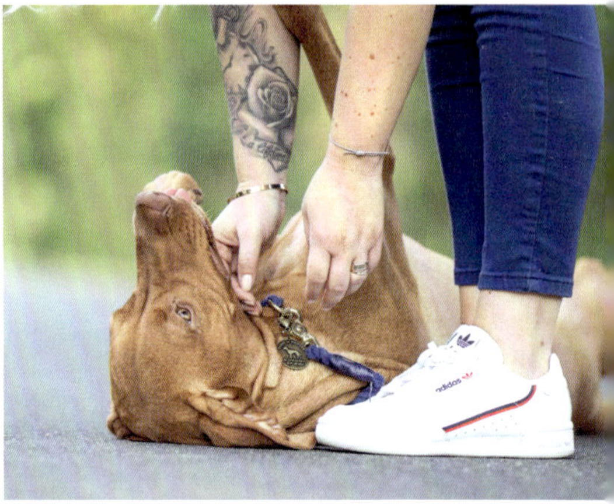

01

03

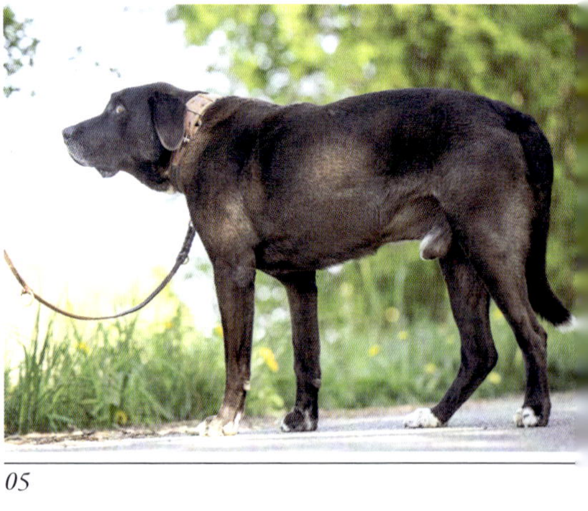

05

01 Der junge Hund ist noch etwas überschwänglich in seinem Demutsverhalten und rollt sich hier präventiv auf den Rücken, obwohl nicht gedroht wurde.

02 Der sich unterwerfende Hund bleibt bei der passiven Demut abgeduckt stehen, setzt sich seitlich ab oder rollt sich auf den Rücken wie hier auf dem Bild.

03 Die aktive Demut ist durch ihren aufsuchenden Charakter für uns oft sympathischer als die passive. Dabei sind beide Formen die hohe Kunst der Deeskalation.

04 Passive Demut ist im Vergleich zur aktiven Demut ruhig und still. Der demütige Hund soll sich dabei beschnuppern lassen, ohne zu zappeln.

05 Ausweichen, Abwarten und in eine demütige Körperhaltung fallen reicht oft aus. Erwachsene zeigen ihr Demutsverhalten oft differenzierter und angepasster an die Vehemenz der Drohung.

Diese Hündin ist sichtlich genervt, ohne überemotional zu werden. Sie geht einfach.

- So lange liegen bleiben, bis der Gegner weggeht
- Sofort wieder stehen bleiben und auf neue Instruktionen warten, wenn sich der Gegner wieder zuwendet
- Ruhig und konzentriert bewegen, langsam sein und innehalten, wenn der andere sich annähert

Stilles Abwarten und Ergeben – die wichtigste Regel

Die wichtigste Regel der passiven Demut ist also das stille Abwarten und Sich-Ergeben. Gerade diese Situation ist für viele Besitzer:innen kaum zu ertragen, obwohl gerade da, wo einer der Hunde still am Boden liegt und ausharrt, der andere über ihm steht und droht, die geringste Gefahr besteht und eigentlich schon fast alles geklärt ist.

Da dieser Moment aber so wunderbar ruhig und langsam ist, greifen gerade hier die meisten Menschen dem oben stehenden Hund ins Halsband oder versuchen, den unten liegenden Hund abzurufen, was ihn in eine richtig schlechte Situation bringt, denn es passiert genau dann nichts, wenn er sich nicht bewegt. Wird er gerufen oder eine Leine auf die beiden geworfen oder sonst irgendwie Bewegung in die Situation gebracht, wird der liegende Hund zucken oder aufspringen, um dann, zu Recht, wieder zu Boden gedrückt zu werden, dann vielleicht sogar mit noch mehr Nachdruck. Wegrennen, Sich-Entziehen, weiteres Imponieren oder defensive Aggression zeigen, heizt den Konflikt an. Das Zappeln und Schreien ist keine Demut und bewirkt daher auch nicht, dass der überlegene Hund aufhört, Demut einzufordern.

Zusammenfassend ist also die aktive Demut etwas wie „sich einschmeicheln“, die passive Demut etwas wie „sich entschuldigen“ und Angst ein unangenehmes Gefühl, ohne Handlungsoptionen. Zum Vergleich kannst du die Ausdrücke und Verhaltensweisen, die zu Angst gehören im zweiten Kapitel nachlesen.

IHGITT, ES GIBT GRÜNKOHL!

Es kann auch dazu kommen, dass ein Hund keine Lust auf Ärger hat, oder einfach den Kontakt zu anderen Hunden nicht möchte, ohne, dass er dabei Angst empfindet, unsicher ist oder sich demütig zeigt. Er hat schlichtweg keine Lust, ohne dass es ihn besonders emotional erregt. Dieses Verhalten beschreibe ich gern so: Stell dir vor, jemand geht mit mäßigem Hunger in die Kantine, um zu schauen, was es da heute zum Mittag gibt. Er betritt den Raum, linst in die Theke und denkt: „Ihgitt, es gibt Grünkohl!“ und geht wieder. Er ist weder verärgert, noch sonst wie besonders ergriffen. Er hat einfach echt keine Lust auf Grünkohl und verlässt den Raum. Seinem Gesicht ist durchaus eine gewisse Ablehnung zu entnehmen, die ist aber nur am Rand erkennbar und seine Körpersprache zeigt ebenfalls kaum eine Anspannung. Bei Hunden nennt man dieses Verhalten **Rückzugsverhalten.**

WIE RÜCKZUG BEI HUNDEN AUSSIEHT

Der Hund kommt in eine Situation, in die er nicht kommen möchte, wird aber nicht bedroht oder angegriffen. Vielleicht ist die Stimmung unter den anderen Hunden schlecht oder zu wild, vielleicht erahnt er, dass es zu einem Kontakt kommen könnte, der aber noch nicht entstanden ist. Dann hält er bewusst Abstand, wendet sich ab und geht und entzieht sich bei Annäherung ohne Drohverhalten oder Demut zu zeigen.

DER ERNSTKAMPF

Ein Ernstkampf unterscheidet sich in jeder Einzelheit vom Kommentkampf. Mit etwas Übung wäre er einfach zu unterscheiden, wenn man denn üben könnte. Das Problem bei der Einschätzung eines Ernstkampfes ist, dass er so selten vorkommt, dass es kaum Videos dazu gibt, die man zu Schulungszwecken sehen könnte, geschweige denn, dass es irgendwo in einer Raufergruppe oder auf der Hundewiese dazu kommen würde. Da kaum jemand so einen Ernstkampf je gesehen hat, führt es leider meist dazu, dass jeder meint, mindestens einen gesehen zu haben. Statistisch ist das unmöglich und auch sonst sehr unwahrscheinlich.

Um eine Vorstellung zu bekommen, wie selten es ist: Ich habe in meinen nun zwanzig Jahren als Hundebesitzerin und vollberuflicher Arbeit mit Hunden überall in Deutschland und auf diversen Seminaren zu Aggressionsverhalten und Raufergruppen vielleicht insgesamt viermal einen Kampf miterlebt, bei dem es eine Verletzungsabsicht gab. Bei einem einzigen Mal bin ich mir nicht sicher, ob es vielleicht sogar zu einer Tötungsabsicht geworden wäre. Selbst die Kämpfe mit schweren Absichten verlaufen zwar mit heftigen Verletzungen, aber einen anderen Hund zu töten, der ähnlich groß ist wie man selbst, ist auch für einen Hund nicht mal so eben gemacht.

Bisse mit Todesfolge passieren tatsächlich eher durch fehlgeleitetes Jagdverhalten sehr kleinen Hunden gegenüber, die quietschend fliehen, oder aus Versehen, wenn das Größenverhältnis extrem unausgewogen ist. Dass ein Hund einen anderen Hund im Streit töten möchte, ist mehr als selten und glücklicherweise so anstrengend durchzuführen, dass die meisten vorher einfach nicht mehr können, weil sie körperlich erschöpft sind.

Anstatt sich also vor diesem unwahrscheinlichen Fall zu fürchten, sollten wir alle also mehr Bedacht auf das Jagdverhalten unserer Hunde legen und bei Rassehunden kritisch auf Zuchtziele schauen, bei denen ein völlig entartetes Jagdverhalten erwünscht und genetisch gefördert wird.

WIE MAN EINEN ERNSTKAMPF ERKENNT

Eine aggressive Auseinandersetzung kann sich von einem Schaukampf zu einem ernsteren Kampfgeschehen hochschaukeln. Er kann aber auch ziemlich direkt eintreten, ohne großes Vorgeplänkel.
Beim Ernstkampf entfallen alle kommunikativen Verhaltensweisen, wie Drohen oder Demut. Es ist leise, höchstens von einem langen Schmerzschrei begleitet, falls nur einer der Hunde den Kampf weiterführt und der andere in die Mangel genommen wird. Niemand wird zu Boden gerungen und alles aneinander hochsteigen und herumspringen entfällt. Beim Kampf mit ernsthaften Absichten wird es konzentriert und zackig in den reißenden und schüttelnden Bewegungen der festgebissenen Hunde.
Beißen sich beide fest, so stehen sie nebeneinander, halten und schütteln im Abstand von ein paar Sekunden immer wieder mit großer Kraft. Ihr Biss geht tief ins Muskelgewebe oder eine Extremität und bleibt nicht oberflächlich im schlabbrigen Hautmuskelmantel des anderen Hundes hängen. Für gewöhnlich wird sich im Kopfbereich oder am Hals festgebissen. Ist einer der Hunde der Unterlegene, so wird er trotzdem nicht losgelassen, auch wenn er sämtliche Kampfhandlungen und Gegenwehr einstellt. In so einem Fall kommt es auch oft zu einer heftigen Angstreaktion des Hundes, in den sich verbissen wurde und er verliert unwillkürlich Kot oder Urin, versucht zu fliehen, oder hängt nur vor Schreck gelähmt da, ohne sich bewegen zu können.
Jeder, der diesen Anblick schon einmal ertragen musste, weiß sofort, dass nichts, was man zuvor gesehen hat mit dem vergleichbar ist. Die kalte Dynamik eines Ernstkampfes löst selbst bei erfahrenen Hundetrainer:innen eine körperliche Reaktion aus, die sich von der Aufregung eines Kommentkampfes deutlich unterscheidet.

WAS DAS FÜR DEN UMGANG BEDEUTET

Wenn der eigene Hund in einen Streit gerät, dann ist es ratsam ein paar Sekunden durchzuatmen, um die Situation einschätzen zu können. Bei einem ernsten Kampf hat man immer die Gelegenheit sich kurz und ruhig abzusprechen und zu den Hunden hinzugehen, um dort die Köpfe der Hunde so festzuhalten, dass sie kein Beißschütteln zeigen können. Da beim Festhalten und Schütteln die größten Verletzungen entstehen, gilt es im Ernstfall vorrangig, das durch Festhalten des Kopfes zu verhindern und die Hunde anzuleinen, um sie sichern zu können, falls sie loslassen. Alles weitere muss dann entschieden und der Situation und den Möglichkeiten angepasst werden.
Auch hier gilt es, wie beim Kommentkampf, andere Hunde, die sich einmischen könnten, erst zu sichern, damit man freie Bahn hat. Bevor man unnötige Energie in Tricks und Tipps verschwendet, gilt es die Köpfe der Hunde zu halten, bis sie nicht mehr können, um sie dann bereits fest zu haben, wenn sie kurz loslassen. Absprachen mit dem anderen Menschen und der Versuch, weitere Hände und Hilfsmittel zu organisieren ist der nächste Schritt.

Hilfe zu bekommen hat den Vorrang. Bedenke, dass es schwer genug ist, einen trockenen Hund über mehrere Minuten festzuhalten. Gerade die Idee, Wasser über festgebissene Hunde zu kippen, sorgt oft eher dafür, dass diese zwar nicht loslassen, danach aber noch schwerer zu fixieren sind. Ich rate dir trotz aller Gedanken über mögliche Ernstkämpfe, dich nicht zu sehr in dieses hypothetische Thema reinzudenken. Wahrscheinlich wirst du diesen Fall niemals erleben, im Gegensatz zum Kommentkampf, den eigentlich jeder/jede Hundebesitzer:in schon gesehen hat. Außerdem ist die wesentlich wichtigere Frage nicht die, wie man einen Kampf trennt, sondern die, wie man ihn verhindert. Dabei sollte sich jeder für seinen Hund verantwortlich fühlen und eine Entwicklung in Richtung eines ausgeprägten Aggressionsverhaltens mit einem Profi begutachten. Bei Unsicherheiten ist es immer ratsam, den eigenen Hund mit einem Maulkorb abzusichern. Damit ist ein Festbeißen nicht möglich und der größte Schaden abgewendet. Selbst wenn es dann zu der fast nicht mehr ausrechenbar unwahrscheinlichen Situation kommen würde, dass der eigene Hund ernst kämpfen würde, es aber nicht mehr kann, weil er einen Maulkorb trägt und dann tatsächlich auf einen anderen Hund trifft, der auch ernst kämpfen würde, dann gäbe es in diesem sehr hypothetischen Szenario zumindest nur einen festgebissenen Hund zu trennen und nicht zwei. Einen passenden Maulkorb findet man am besten mit kompetenter Beratung.

Auseinandersetzungen bei Hunden sind nun mal körperlich. Ausdiskutieren können sie nicht.

LOVE IS IN THE AIR

Menschen sehen ihre Hunde gern als eine Art verspielte Kinder. Da passt erwachsenes Sexualverhalten und Flirten nicht ins Bild. Vielleicht findet es deswegen so wenig Beachtung.

SEXUALITÄT BESCHÄFTIGT HUNDE

Nach all dem Schreiben über Kämpfe wird es Zeit, sich einem etwas erfreulicherem Kontakt unter Hunden zuzuwenden. Treffen Hunde beim Spaziergang aufeinander, so gibt es nämlich auch die Chance, dass sie sich attraktiv finden und in flirtendes Verhalten verfallen. Selbstverständlich gehört auch Sexualverhalten ins Leben unserer Hunde. Wenn sie aufeinandertreffen, dann zeigen sie es manchmal und das sieht ziemlich lustig und einzigartig aus. Anscheinend flirten Hunde durchaus auch mit Hunden desselben Geschlechts.

Eine Kastration ändert nichts daran, dass Sexualität etwas ist, was Hunde beschäftigt. Dabei geht es auch Hunden nicht bloß um die stumpfe Fortpflanzung. Sie haben ein Lustempfinden und ein Flirt läuft nicht auf eine Paarung hinaus, solange die Hündin nicht läufig ist. Wen Hunde ansprechend finden, ist individuell und sie hegen dabei auch optische und Verhaltensvorlieben, haben also so etwas wie ein „Beuteraster“. Andere wiederum verknallen sich einfach direkt in jeden, solange er oder sie nur unkastriert ist.

Junge, pubertäre Hunde haben ein gesteigertes Interesse an Sexualität und sind weniger wählerisch in ihrer Flirtauswahl als er-

Perfekt eingefangene Körpersprache des Flirtens. Albern und übertrieben sieht es aus.

wachsene Hunde. Flirten von beiden heißt aber ganz explizit nicht, dass sich die Hunde auch miteinander paaren würden. Selbst bei einer Läufigkeit kommt es vor, dass Hunde zwar flirten, die Hündin sich aber trotzdem einen anderen Sexualpartner sucht. Wie bei uns Menschen ist das Bekunden eines gewissen, theoretischen Interesses also lange noch kein Freifahrtschein. Das Spiel mit dem Gedanken, ohne mehr zu planen, ist etwas, was freundliches Verhalten und Zugehörigkeitsgefühle fördert. Es ist verbindend und drückt eine grundsätzliche Sympathie für das Gegenüber aus, ohne eine Liebes- und Lustbeziehung einzugehen. Flirten erfüllt also eine Funktion im sozialen Gefüge und macht Spaß.

Genau wie bei uns Menschen gibt es Hundetypen, die einfach besonders „flirty" veranlagt sind, während andere fast nie flirten. Manch einer kann den Unterschied zwischen flirten und wirklichem Sexualkontakt nicht verstehen und muss heftig zurückgewiesen werden, weil er die Avancen übertreibt. Manche Hunde flirten plump und aufdringlich, werden richtiggehend übergriffig und sind unbeliebte Flirtpartner. Und andere sind echte Flirtkünstler und werden umschwärmt wegen ihrer eindeutigen, aber nicht übergriffigen Flirtkünste. Diese allseits angehimmelten Sunnyboys und Sunnygirls werden ständig angeflirtet und sind die Stars der Nachbarschaft.

WENN DIE HÜNDIN LÄUFIG IST

Ist eine Hündin läufig, entweder nicht besonders wählerisch oder hat sich einen Partner ausgesucht, dann kann aus Flirten ziemlich schnell Ernst werden. Es passiert immer wieder, dass es zu ungeplanten Deckakten kommt, weil Menschen die Vehemenz und Schnelligkeit von Hunden unterschätzen, die wissen, was sie wollen. Da Hunde während der Paarung innerhalb von Sekunden nicht mehr zu trennen sind, weil der Schwellkörper des Rüden fest in der Vagina der Hündin hängt, darf man sich paarende Hunde nicht auseinanderreißen. Das kann zu schweren Verletzungen bei beiden Hunden führen. Bis die zwei sich nach einer Paarung wieder trennen können, können bis zu 45 Minuten vergehen. Es ist also kritisch, eine läufige Hündin auch nur ein paar Sekunden unbeaufsichtigt mit einem potenten Rüden zusammen zu lassen.

Während Wölfe beider Geschlechter nur einmal im Jahr zeugungsfähig sind, können unsere Haushunde immer dann Welpen zeugen, wenn die Hündin läufig ist. Weibliche Hunde werden zwischen einem und

Dieser junge Rüde verlässt den Bereich des Flirtens und reitet auf. Sein Gesicht zeigt sexuelle Erregung.

viermal im Jahr läufig und Hunderüden können sogar das ganze Jahr über zeugen. Die Läufigkeit der Hündin dauert ungefähr drei Wochen an und im letzten Drittel dieser Zeit beginnen die sogenannten Stehtage, in denen sie aufnahmefähig ist und die Rüden nicht mehr weg beißt.
Auch Hündinnen suchen oft einen Rüden gezielt aus und haben eine Vorstellung davon, mit wem sie sich paaren möchten und mit wem nicht. Manchmal suchen sie auch kastrierte Rüden aus und paaren sich auch mit ihnen. Der kastrierte Rüde ist zwar zeugungsunfähig, es kommt aber immer wieder zu Deckakten unter kastrierten Hunden.
Die Läufigkeit der Hündin sollte genauestens beobachtet werden, denn sie ist in der Lage, ihre Stehtage zu verlängern oder die Läufigkeit hinauszuzögern oder abzubrechen, wenn die Umstände es verlangen.
Leben mehrere Hündinnen in einem Haushalt, so synchronisieren sich die Läufigkeiten zuverlässig.
Da in unserer Gesellschaft viel und früh kastriert wird, wissen viele Rüden gar nicht recht, wo der Unterschied bei einer läufigen Hündin liegt. Auch nicht, was Stehtage sind und manchmal nicht einmal, dass Hündinnen außerhalb der Läufigkeit wenig begeistert von sexuellen Avancen sein können. Ein Rüde, der mit intakten Hündinnen zusammenlebt, verhält sich für gewöhnlich viel weniger übergriffig, da er genau weiß, dass nur die paar Tage in der Läufigkeit wichtig sind, in denen die Hündin sich auch decken lässt.
Während also manch ein naiver Rüde ohne jede Erfahrung auf der Hundewiese kaum geradeaus denken kann, nur weil eine Hündin anwesend ist, müssen viele Züchter:innen ihre Tiere nur in der einen Woche voneinander trennen, in der es zu einem Deckakt kommen könnte. Sie können die Rüden auch in der ersten Zeit der Läufigkeit problemlos mit im Haus halten, ohne dass diese besonders gestresst wären.

Es ist also sehr zuträglich, wenn Hundeschulen erlauben, läufige Hündinnen mit in den Gruppenunterricht zu holen. Das meiste übermäßig gezeigte oder verwirrte Sexualverhalten unserer Hunde kommt eher durch Unkenntnis und Frühkastration als durch zu wenige Kastration oder zu viel Kontakt zu läufigen Hündinnen.

KASTRATION BEI HUNDEN

Weil der Trend sich immer mehr dahin entwickelt, Hunde zu kastrieren, häufen sich neue Probleme im Zusammenleben und bei der Gesundheit. Eine Kastration sollte immer gut überlegt und so lange wie möglich herausgeschoben werden, denn sie birgt immer auch ein Risiko: Sie kann zu Verhaltensproblemen führen, Aggressionsverhalten steigern und Ängste verstärken. Sie kann diverse körperliche Nachteile und Erkrankungen bevorzugen oder auslösen und einen großen Eingriff in verschiedene, andere Körperfunktionen nehmen, die nichts mit den Sexualorganen zu tun haben. Das Thema hier ausschöpfend zu behandeln, würde den Rahmen dieses Buches aber mehr als sprengen.

WAS DAS FÜR DEN UMGANG BEDEUTET

Ich rate dringend, sich vor einer Kastration gründlich an einer unabhängigen Stelle zu informieren. Es gibt mittlerweile zum Glück wissenschaftlich fundierte Bücher, die neue Erkenntnisse über die Vor- und Nachteile einer Kastration zusammenfassen. Insbesondere die Veränderungen im Verhalten der Hunde sind leider oft selbst bei Tierärzt:innen viel zu wenig bekannt.
Was ich grundsätzlich auf den Weg geben kann, sind hier nur kleine Ratschläge, die du selbst für deine Situation prüfen musst. Wer sich für eine Kastration entscheidet,

01

02

der sollte mindestens bis zum vollständigen Ende der Hundepubertät warten. Das bedeutet je nach Hund, zweieinhalb bis vier Jahre. Damit ist zumindest die potenzielle Ausbaufähigkeit der Selbstregulation nicht mehr beeinflusst.

Wer einen möglichst souveränen, entspannten Hund haben möchte, der sollte hier genauer hinschauen. Entspannter Hund bedeutet übrigens nicht „fauler Hund, der nur herumliegt!" Es meint einen Hund, der mit sich selbst solide und im Reinen ist und klar und emotional kontrolliert Entscheidungen trifft.

Wer ausschließlich die Geburt ungeplanter Welpen verhindern möchte, der kann sich über eine Sterilisation erkundigen. Bei einer Sterilisation bleiben alle Organe im Tier und die Entwicklung und Körperfunktionen bleiben unbeeinträchtigt. Es wird lediglich durch das Durchtrennen oder Abklemmen der Samenstränge bzw. der Eileiter dafür gesorgt, dass die Tiere sich nicht mehr fortpflanzen können. Dieser Eingriff ist weniger invasiv und schützt zuverlässig vor Nachwuchs. Diese Methode wäre auch eine weit sinnvollere Alternative für Straßenhunde im Ausland, da sie das natürliche Verhalten der Hunde nicht beeinflusst und weniger Nebenwirkungen hat. Alles weitere über die Auswirkungen von chemischer oder operativer Kastration beim Hund solltest du dir in Ruhe zu Gemüte führen, bevor du entscheidest.

03

FLIRTEN UNTER HUNDEN

Auch ohne Läufigkeit bekunden sich Hunde gegenseitig sexuelles Interesse und flirten miteinander, ohne eine Paarung zu planen. Hunde können sich verlieben und zueinander hingezogen fühlen. Vieles der Kommunikation ohne Leine ist ein Flirten und auch hier wird das Verhalten oft verwechselt. Gerade Spiel sieht dem Flirten sehr ähnlich und während manch ein Mensch noch flötet: „Ach, wie süß sie spielen!", flüstern sich die Hunde in Wirklichkeit kleine Schweinereien ins Ohr. Das ist natürlich völlig in Ordnung, solange niemand gegen seinen Willen bedrängt wird und bedarf keines Eingreifens.

AUSDRUCK BEIM FLIRTEN

Zum Sexualverhalten der Hunde gehört eine sehr lustig aussehende Wechselspannung,

01 Die Rottweilerhündin flirtet heftig mit dem imponierenden Huskyrüden.

02 Auch er zeigt Interesse. Die Ohren ziehen sich weit nach oben zusammen.

03 Nachdem sie ihn mit dem Kopf angestoßen hat, springt sie quietschend weg.

04 Diese Vorderkörpertiefstellung ist keine Spielaufforderung, sondern Flirtverhalten.

05 Hündinnen reiten beim Flirten animierend auf. Der Rüde darf das aber nicht.

05

aus angespanntem Körper, aber schnellen, kleinen Bewegungen, die spielerisch und auffordernd aussehen. Der Körper des Hundes wird dabei fast ein bisschen hin und hergerissen, hüpft auf und ab und trippelt und tänzelt auf der Stelle. Es sieht fast aus, als würde der Hund imponieren, wenn er nicht gleichzeitig piepsende und oinkende Geräusche von sich geben, und mit den Vorderbeinen auf der Stelle trappeln würde.

VERHALTENSWEISEN UND KÖRPERSPRACHE BEIM FLIRTEN

— Hoch aufgerichtet und nach oben gedrückter Körper.
— Ohren übertrieben hochgezogen, sodass sie sich fast oben auf dem Kopf treffen.
— Längsfalte oben auf dem Kopf, zwischen den Ohren.
— Kopf vom Nacken her hochgereckt, während das Kinn wieder nach unten gezogen wird.
— Gerade und synchron nebeneinanderstehende Beine, Vorder- und Hinterbeine ein bisschen auseinandergezogen, wie bei einem Schaukelpferd.
— Mit den Vorderbeinen trappeln.
— Ruckartig nach vorn in eine steife Vorderkörpertiefstellung springen, dann

Ruckartig nach unten einknicken gehört ebenfalls zum Flirtausdruck.

01 Hochgezogene Ohren und ruckartig nach unten wegknickender Körper.

02 Im Flirtkontakt bleiben beide kurz komplett bewegungslos stehen.

01

direkt wieder in eine aufgerichtete Haltung zurückspringen.

— Aufforderndes Quieken, hohes, kurzes Bellen das quengelig klingt und ein stoßartiges Oinken, das wie „hm, hm, hm, hm, hm!" klingt.
— Im Kreis um den anderen herumspringen.
— Mit der Schnauze anstupsen, oft zusammen mit einem aufquiekenden, schrillen Geräusch.
— Den Kopf mit einem weit nach hinten gezogenem, „irre" schauenden Gesichtsausdruck seitlich gegen den Hals des anderen stoßen und wegspringen.
— Mit der Pfote anstupsen und dabei wild wedeln.
— Schnell und hektisch, mit kurzer Zunge am Fell, oder im Ohr lecken.
— Auf die Geschlechtsteile des anderen gucken, kurz und hektisch daran riechen und dabei mit der Nase sehr nah kommen.
— Spielerisch wirkendes, kurzes Aufreiten, auch von der Hündin.
— Hoch aufgestellte Rute, die aber weit ausholend wedelt.
— Schmatzen und Lippen vor und zurück ziehen.

Alle diese Verhaltensarten finden in einer aufgeregten, aber sehr freundlich anmutenden Stimmung statt. Der Körper ist zu fest für ein Spiel, aber nicht so steif wie beim Imponieren. Alles wirkt wie eine Mischung aus Imponiergesten und Spiel. Das trifft die Absicht dahinter auch sehr gut. Der Hund möchte beeindrucken und sich imposant

01

02

02

präsentieren, aber dabei nicht bedrohlich oder abschreckend wirken. Deswegen wird die imponierende Körperhaltung überspitzt gezeigt und fast absurd in die Höhe gezogen. Die angespannten, besonnenen Bewegungen des Imponierens werden tänzelnd und mit viel Bewegung aufgeweicht. Und die neckende Annäherung erinnert fast an eine Spielaufforderung.

WAS DAS FÜR DEN UMGANG BEDEUTET

Solange alle Beteiligten Spaß daran haben, sollte man Hunden das Flirten selbstverständlich erlauben. Es hebt die Stimmung und ist angenehm fürs Ego. Eingreifen sollte man da, wo sich ein Hund übergriffig verhält. Meistens geht es dabei um junge Rüden, die lernen müssen, sich zurückzunehmen. Die Opfer von Übergriffigkeiten sind meist junge Hündinnen, die noch nicht recht wissen, wie sie sich zur Wehr setzen können, oder von mehreren Hunden gleichzeitig bedrängt werden. Gerade wenn der Rüde eine gewisse Aggressionsbereitschaft transportiert, ist es gar nicht so leicht für die Hündin, gegen ihn vorzugehen. Die althergebrachte Meinung: „Die muss lernen sich zu wehren!“ unterstütze ich nicht, auch wenn man natürlich nicht überall panisch eingreifen muss.

Stattdessen ist es viel eher notwendig, dass die übergriffigen Rüden lernen müssen, sich zu benehmen. Die Aufgabe, ihnen das beizubringen, gehört in die Verantwortung der Besitzer:innen.

03

01 Ein fremder Hund wird aufmerksam erspäht.

02 Imponierhaltung wird eingenommen, da nicht klar ist, wer da kommt.

03 Die Hündin wurde als solche erkannt und sofort in eine flirtende Haltung gewechselt.

Auch bei Hunden würde der sozial höher gestellte, alte Rüde so einem Treiben in seiner Gruppe wahrscheinlich Einhalt gebieten und den Jungspund streng zur Raison rufen. Wer eine psychisch stabile Hündin kennt, die erwachsen und wesensfest gegen den übergriffigen Rüden vorgehen kann, der kann sie mit als Erziehungshilfe einsetzen. Es darf aber grundsätzlich die Frage gestellt werden, ob das Abschieben auf die weiblichen Hunde ein fairer Weg ist, nur weil die Menschen sich nicht trauen, regulierend in Fehlverhalten einzugreifen. Denn selbstverständlich kann auch ein intakter Rüde lernen weibliche Hunde nicht zu belästigen, ganz ohne Kastration. Wer dem Rüden zumutet, in einer Operation ein gesundes Organ zu verlieren, oder von einer Hündin kräftig in den Pelz gezwickt zu werden, der darf eigentlich auch nicht davor zurückschrecken, sein Verhalten durch klare Ansagen zu unterbinden, denn nett ist das alles nicht. Auch gestandene Hündinnen können natürlich gern mal eingreifen, sollten aber nicht dazu benutzt werden, immer wieder die Erfahrung zu machen, dass Rüden „alles Schweine" sind, denn damit nimmt man auch einen Einfluss auf ihr Lernen und Denken. Für alle Hundebesitzer:innen gilt, dass es gut ist, sich zumindest mit den biologischen Einzelheiten der Läufigkeit und Paarung von Hunden zu beschäftigen, um ungewollte Deckakte zu vermeiden.

BADEZIMMER-GESPRÄCHE

Die Sexualität und dazugehörigen Organe am und im Hund beeinflussen mehr als die Frage nach möglichen Welpen. Hunde können sexuelle Lust empfinden. Hündinnen haben eine Klitoris, männliche Hunde einen Schwellkörper am Penis. Dieser befindet sich ziemlich weit hinten, Richtung Hinterbeine und liegt normalerweise unter der schützenden, fellbewachsenen Haut. Außerdem beinhaltet der Penis des Rüden einen Penisknochen. Dieser sorgt dafür, dass beim Rüden im Sitzen manchmal die Spitze des Penis aus der Hautfalte herausrutscht und zu sehen ist. Dabei handelt es sich also nicht um eine Erektion, sondern kommt dadurch zu Stande, dass ein angespannter Hund den Bauch einzieht und damit der Penis durch den Knochen darin hervorgeschoben wird. Sobald der Rüde den Bauch entspannt hängen lässt, sieht man auch die rote Penisspitze nicht mehr. Bei einer Erektion schwellen die beiden ballförmigen Schwellkörper rechts und links neben dem Penis, weit hinten unter dem Fellbezug an. Sie wirken dann wie zwei zusätzliche Hoden, direkt vor den richtigen Hoden. Beim Deckakt schiebt sich die Haut mit dem Fell bis da ganz hinten zurück und die Schwellkörper liegen frei. Sie werden dann nochmal deutlich größer. Dadurch erklärt sich auch, wieso Hunde bei und nach der Paarung so fest zusammenhängen.

Jungen Rüden kann es mal passieren, dass sie aus Versehen beim Säubern der Genitalien übertreiben und „ausschachten". So heißt es, wenn der Schwellkörper freigelegt wird. Das ist dann oft sehr unangenehm für den Rüden und es dauert, bis sich die Haut wieder zurückziehen kann. Ein aufgelegtes, nasses, kühles Handtuch als Unterstützung ist da eine freundliche Hilfe für den pubertären Schwerenöter.

Hunde beider Geschlechter können auch masturbieren, machen es aber eher selten. Auffällig ist, dass einige Rassen besonders dazu neigen. Sehr kleine Hunde und Bulldoggen-Typen sowie Möpse scheinen mehr dazu zu neigen, sich sexuell überaktiv zu zeigen. Dabei werden besonders gern Sofakissen oder auch die Füße von Menschen zweckentfremdet. Mindestens letzteres beinhaltet eine gewisse Respektlosigkeit und darf ähnlich bewertet werden, als würde ein junger Mensch dahergelaufen kommen, um sich ungefragt an einem Hund zu rubbeln. In beiden Fällen ist es eine Form der Übergriffigkeit und auch ethisch fragwürdig für beide Beteiligten. Und auch wenn es manchmal lustig aussehen mag, eigentlich ist es wirklich alles andere als witzig, wenn ein Hund sich Menschen gegenüber sexuell übergriffig verhält.

Hündinnen durchleben in und um ihre Läufigkeit die auffälligste Auseinandersetzung mit Sexualität. Rüden beschäftigen sich insgesamt öfter mit dem Thema. Für sie ist die Läufigkeit der Hündin nicht unbedingt ausschlaggebend. Aber auch hier ist ganz klar eine ausgeprägte Beschäftigung mit dem Thema während der Pubertät zu beobachten. Bei kastrierten Hündinnen kann es zu einer Vaginalentzündung kommen. Diese ist schmerzhaft und unangenehm und muss behandelt werden, da sie schlimmere Entzündungen nach sich ziehen kann. Diese Entzündungen sind oft wiederkehrend und

Auch über die Funktion, Besonderheiten und mögliche Erkrankungen der Geschlechtsteile sollten Hundehalter:innen sich informieren.

Abzublitzen gehört ganz normal zum Leben dazu. Jeder Hund sollte das lernen dürfen.

durch die fehlende Läufigkeit immer wieder ein Problem. Sehr junge Hündinnen vor der ersten Läufigkeit entwickeln ebenfalls häufig so eine Entzündung, die dann mit Eintritt der Läufigkeit normalerweise vollständig ausheilt und auch nicht wieder kommt. Auch der Rüde wird von wiederkehrenden Entzündungen im Bereich der Geschlechtsteile geplagt. Allerdings nur dann, wenn die Hündinnen läufig sind. Der liebevoll als „Schniedelschnupfen" bezeichnete Ausfluss ist so lange ungefährlich, wie er nicht eitrig ist und gehört leider beim jungen Rüden dazu. Ohne die Notwendigkeit einer Behandlung, weil es sich wirklich ernsthaft entzündet hat, ist es am sinnvollsten den Hund damit einfach in Ruhe zu lassen und jedes Gefummel und Spülen zu unterlassen. Auch diese Entzündung vergeht mit dem Älterwerden immer mehr und ist irgendwann gar nicht mehr da oder nur noch ein oder zweimal im Jahr für ein paar Tage. Eine Kastration stoppt sie für gewöhnlich vollständig.

Bei Rüden und Hündinnen ist es angeraten auf mögliche Schwellungen, Hautveränderungen und Ausflüsse zu achten und im Zweifelsfall bei Tierärzt:innen vorstellig zu werden. Egal ob die Tiere kastriert sind oder nicht.

WAS DAS FÜR DEN UMGANG BEDEUTET

Was man toleriert und wo es für einen aufhört, ist auch immer eine Frage des persönlichen Empfindens. Beim Sexualverhalten ist es eigentlich hauptsächlich wichtig, nicht in Extremen zu denken. Kein Hund muss seine Sexualität ausleben, im echten Leben kommen die meisten Rüden nie dazu, Nachkommen zu zeugen. Und das liegt daran, das andere, höher gestellte Rüden sie daran hindern oder Hündinnen sie abweisen. Auch Hündinnen in Freiheit bekommen nicht zwangsläufig Nachwuchs und werden nicht selten sogar von über ihnen stehenden Hündinnen unter psychischen Druck gesetzt, um nicht läufig zu werden.

Es kann also nicht untragbar sein, ohne sich jemals zu paaren zu überleben, oder glücklich zu werden. Hier sollte man nicht von sich auf andere schließen. Wir lenken das ganze Leben unserer Hunde, von der Geburt bis zu ihrem Tod. Wir bestimmen, was und wann sie fressen, wohin sie sich bewegen und mit wem sie zusammenleben. Die Entscheidung darüber, ob sie sich verpaaren oder ihre Sexualität in deinem Wohnzimmer ausleben dürfen, während du daneben sitzt, ist also nur ein kleiner Eingriff in ein sowieso großes Gefüge.

Genauso kritisch ist das vollständige Verweigern der Tatsache, dass Hunde Sexualität erleben und ihre Hormone sie verändern und erwachsen machen. Einen Hund bereits als Welpen oder Junghund zu kastrieren, damit er niemals den Status eines Kindes verlässt und naiv, niedlich und unselbstständig bleibt und den Anspruch eines unschuldigen Kuscheltiers erfüllt, ist ebenfalls gemein dem Lebewesen Hund gegenüber.

Das übermäßige Beschäftigen mit Sexualität, ohne dabei gezielt auf läufige Hündinnen zu achten, kann auch eine Verhaltensstörung sein. Ein Hund, der sich ausschließlich und in jedem Kontakt sexuell extrem interessiert zeigt, Gegenstände und Menschen als Sexobjekte nutzt und zu Hause keine andere Freude als Selbstbefriedigung findet, der sollte einem/einer gut ausgebildeten Hundetrainer:in vorgestellt werden. Oft hat dieses übermäßige Verhalten nichts mit der normalen Hormonentwicklung zu tun und ist durch eine Kastration allein nicht zu beheben. Hier spielen komplexere Dinge eine Rolle, die sich nicht wegoperieren lassen.

OHNE LEINE PASSIERT SO VIEL

Das unbeschwerte Sich-miteinander-Beschäftigen ist ein wichtiger Teil des Hundelebens. Wer seinen Hund nicht ableinen kann, sollte ihm andere Möglichkeiten gewähren.

HUNDE BRAUCHEN HUNDE

Auf dem Spaziergang frei zu laufen ist toll. Hunde zu treffen und mit ihnen zu interagieren ist wichtig für die Entwicklung von Hunden. Wir Menschen ersetzen keine Hunde. Auch die, die nicht miteinander spielen, beschäftigen sich doch miteinander, unterhalten sich auf Hundesprache und werden durch soziale Kontakte zu Artgenossen intellektuell und psychisch gefordert. Diese Herausforderung ist wichtig für die seelische Gesundheit von Hunden. Es gibt nur sehr wenig Hunde, die wirklich vollständig unverträglich mit allen Hunden sind und keine Kontakte zu anderen Hunden haben können.

Feste Freunde und wiederkehrende Kontakte sind aber das, was Hunde brauchen und nicht ständiger Fremdkontakt und Zufallsbegegnungen. Die sind vielleicht mal ganz nett, ersetzen aber keine tiefergehende Bindung zu einem Artgenossen.

WAS DAS FÜR DEN UMGANG BEDEUTET

Freunde und gute Bekannte braucht der Hund. Wie und wo er diese trifft, kann je nach Möglichkeiten geregelt werden. Es muss nicht immer ein gemeinsamer Freilauf im Grünen sein. Ein Nebeneinanderher-Gehen an der Leine für einen langen Spaziergang ist eine gute Möglichkeit, Hunde in Kontakt zu bringen, die oft in Kämpfe geraten. Leinenpöblern tut es gut, mal nicht nur kurz auf andere Hunde zu treffen, sondern nebeneinanderherzugehen, ohne in der Anonymität verschwinden zu können. Nach zwei Stunden angeleintem Nebeneinanderherlaufen hat auch der größte Leinenrambo irgendwann keine Lust mehr, zu toben.
Es gibt ganze Wanderurlaube mit Hund, bei denen alle an der Leine bleiben und über mehrere Tage nebeneinander gehen. Allein das ist ein Kontakt, der sich lohnt, und immer noch tausend Mal besser als nichts.

MEHRHUNDEHALTUNG

Ein zweiter Hund im Haus oder auch mehrere sind ebenfalls eine Möglichkeit. Hunde, die gemeinsam leben, haben oft eine deutlich verbesserte Lebensqualität. Nicht für jeden Hund ist dieses Konzept geeignet und für Besitzer:innen gilt hier, dass zwei Hunde sehr viel mehr Arbeit, Geld und Mühe bedürfen. Insbesondere der Unterschied von einem zu zwei Hunden im Haushalt macht sich stark bemerkbar. Bei drei, vier oder fünf Hunden fällt dann ein weiterer tatsächlich weniger ins Gewicht.

HUNDEKONTAKTE

Wer aber mal mehr als einen Hund gleichzeitig gehalten hat, weiß, dass es schwer ist, wieder zu einem Hund zurückzukommen, ohne sich schlecht zu fühlen. Wer diesen

Flüchtige Kontakte sind oft problematisch, ganz im Gegensatz zu langjährigen Freundschaften.

Luxus nicht bieten kann, der hat viele andere Möglichkeiten der Kompensation: Zum Beispiel geführte Sozialspaziergänge, das Treffen von bekannten Hundefreunden beim Spaziergang oder auch die Betreuung in einer festen Hundegruppe helfen. Ein Gassi-Service oder eine Tagesstätte mit Gruppenhaltung, eine Pension, in der der Hund mal einen Hundeurlaub machen kann und Tag und Nacht mit anderen Hunden zusammenlebt.

Die Option, mal ohne Hund in den Urlaub zu fahren und die Unterbringung in einer ruhigen und gut geführten Pension mit Gruppenhaltung als Chance für den Hund zu sehen, ist für viele Menschen neu.

Kriterien für eine gute Betreuung

Egal, wo der Hund untergebracht wird, ich möchte dazu erwähnen, dass das Betreuen von mehreren Hunden kein Hobby ist und eine tiefergehende Kenntnis von Hundeverhalten bedarf. Selbst Hunde zu haben ist keine ausreichende Qualifikation für eine professionelle Hundebetreuung!
Es gibt viele, großartige Betreuer:innen, die professionell arbeiten, eine fundierte Ausbildung vorweisen können und alle notwendigen Versicherungen und behördlichen Zertifikate mitbringen.
Ist die Gruppe dann auch noch übersichtlich, klar und ruhig geführt und kein wilder Sack Flöhe, dann ist es empfehlenswert, den Hund dort mal Hund sein zu lassen.
Mein Augenmerk würde bei der Entscheidung eindeutig darauf liegen, dass in der Gruppe eine friedliche und ruhige Stimmung herrscht und die Hunde alle von der Betreuungsperson kontrolliert werden können, ohne dass diese dafür Leckerlis oder andere Hilfsmittel zwingend benötigt oder laut herumbrüllen muss. Solch eine Betreuung ist Gold wert für Hunde und darf auch gern etwas kosten.

Hundeschulen

Eine weitere Möglichkeit, dem Hund Kontakte zu bieten, die angeleitet und sinnvoll für seine Entwicklung sind, ist es eine Hundeschule aufzusuchen. Selbst das gemeinsame Trainieren an der Leine, ohne direkten Kontakt zu den anderen Hunden, ist gut und kann ein Kompromiss für unverträgliche Hunde sein.
Auch hier kann das langfristige Miteinandersein bei leinenaggressiven Hunden zu einer Art Gewöhnung führen und die Situation verbessern.

Es braucht nicht besonders viele Freunde, sondern nur besonders gute.

Spiel kann dazugehören, muss es aber ganz sicher nicht, um von Freundschaft zu reden.

Begegnungsgruppen und Raufergruppen auf dem eingezäunten Hundeschulgelände bieten sich ebenfalls an. Im Zweifelsfall kann hier mit einem Maulkorb dafür gesorgt werden, dass Hunde Kontakt haben können, ohne sich zu verletzen, selbst wenn es mal zu einem Streit kommt.

„Hundewiesen"

Die einzige Möglichkeit für Hundekontakt, die ich nicht empfehlen kann, ist leider die am besten zugängliche. Öffentliche Hunde-„Spielplätze". Zumindest in Großstädten sind diese normalerweise überlaufen und viel zu klein, um sich ausweichen zu können. Unbedarfte Menschen bringen lauter Ressourcen mit auf die Plätze, um die sich Hunde streiten könnten. Hundekekse regnen auf Hunde herunter, die eventuell Futteraggression zeigen, Bälle fliegen quer durch fremde Hundegruppen, ungehemmte, pubertäre Schnösel springen in alte Hunde und echte Kontakte kommen nur selten zu Stande. Was hier untereinander gelernt wird, ist leider oft eher das Falsche. Meist wird die Hundewiese von einer Gruppe Dauergäste in Beschlag genommen, deren Hunde untereinander ein Team bilden und auch miteinander auskommen. Sobald sich aber jemand neues nähert, wird dieser von der ganzen Truppe imponierjagend oder aggressiv zum Stillstehen gezwungen, ein bisschen hin- und her geschubst oder sexuell belästigt. Der Neue versucht dann für gewöhnlich über viel Demutsverhalten gut Wetter zu machen, was die Menschen dann als Spiel betrachten.
Natürlich ist es nicht schlimm, wenn der Hund mal in so eine Situation kommt. Und manchmal steht man ja auch auf der Seite der Dauergruppe oder hat eine Wiese gefunden, auf der sich zu einer bestimmten Uhrzeit wirklich lauter nette Leute mit netten Hunden einfinden. Im Großen und Ganzen ist das Konzept eingezäunter Hundefreiläufe, auf der einfach jeder kommen und gehen kann, wie er will, mit sehr viel kritischem Abstand zu betrachten. In vielen Fällen führt der Aufenthalt dort eher zum Etablieren von enthemmtem Verhalten oder Erfahrungen, die unnötig negativ für die einzelnen Hunde sind oder ihnen eine vermeintliche Realität vorspielen, die unangebrachtes Verhalten untereinander fördert. Gerade die ganz kleinen Freiläufe in Städten halte ich für unsinnig und potenziell gefährlich.

UMGANG MIT FREUNDEN

Spiel oder andere gemeinsame Aktivitäten tragen zu seelischer Auslastung bei.

KLEINE FREUDEN UNTER FREUNDEN

Freundschaften sollten selbstverständlich für Hunde sein. Ein paar ausgewählte Kontakte, die vielleicht sogar als eine Art Familienersatz zu bezeichnen sind.

ECHTE FREUNDSCHAFT

Egal, ob draußen auf dem Spaziergang, bei Freunden, die auch einen Hund haben oder im eigenen Haushalt: Freundschaften unter Hunden bereichern das Leben und auch mit uns als Menschen gehen Hunde freundschaftliche Beziehungen ein. Sie sind uns so nah, dass sie es sogar manchmal etwas übertreiben, genauso wie wir. Schnickschnack für Hunde verkauft sich genauso gut, wie alles, was man für Kinder kaufen kann. Bettchen, Anziehsachen, Spielzeug. Einen Hund gleichwertig wie einen Menschen zu lieben, ist weder komisch noch irgendwie zu verurteilen. Die meisten Hundebesitzer:innen bezeichnen ihre Hunde als Familienmitglieder. Diesen Stellenwert im

Leben einzunehmen ist für den Hund überhaupt nicht schlimm, im Gegenteil. Schlimm ist es nur dann, wenn seine hündischen Bedürfnisse mit menschlichen Bedürfnissen verwechselt werden oder sein Lebensglück an Dingen bemessen wird, die ihm als Hund völlig egal sind. Differenziert zu schauen, was wirklich zum Wohl des Hundes ist, und was ein eigenes Wunschdenken erfüllt, macht den Unterschied. Seinem Hund eine besonders schöne Hundedecke zu kaufen ist ok, solange man sich darüber im Klaren ist, dass man damit sich selbst etwas Gutes tut. Solange der Hund trotzdem Laufen, Kontakte pflegen und sich wie ein Hund verhalten darf, ist es ihm vollkommen egal, wie seine Decke aussieht.
Ein Hund hat ein Recht darauf, ernst genommen zu werden. Als Persönlichkeit und als erwachsenes Lebewesen. Hunde sind keine Kinder und denken und handeln auch nicht so. Welpen sind wie Kinder. Erwachsene Hunde sind Erwachsene! Ihnen kindliche Abhängigkeit und Hilflosigkeit zu unterstellen oder sie gar gewollt unsicher und möglichst abhängig zu machen, ist missbräuchlich und macht sie zum Objekt eigener Bedürftigkeit. Ihre Zuneigung uns gegenüber hängt weder an Futter noch daran, ob wir immer alles so machen, wie sie es verlangen und ihnen jeden Wunsch von den Augen ablesen. Sie sind in der Lage und bereit Kompromisse zu machen, sich für uns zurückzunehmen und uns in unserer Einzigartigkeit anzunehmen und trotz unserer Makel zu lieben. Die Art, wie einige Menschen sich verbiegen, in der unbegründeten Angst nicht mehr von ihrem Hund geliebt zu werden, nur weil sie ihm etwas verboten haben, sich abgegrenzt haben oder mal der Spielverderber waren, ist verwunderlich.
Eine echte Freundschaft ist beständig und fehlerfreundlich. Auf beiden Seiten. Ist einer der beiden nur mit dem Gedanken beschäftigt, wie es dem anderen wohl geht und was man noch für sein Wohlbefinden tun kann und verliert sich selbst und seine Bedürfnisse und Grenzen dabei völlig aus dem Blick, dann ist das keine Freundschaft. Zumindest keine, die ich persönlich gern pflegen würde.

WIE HUNDE FREUNDSCHAFTEN PFLEGEN

Das gemeinsame Spiel ist ein Ausdruck von Nähe und Zugehörigkeit unter erwachsenen Hunden. Spiel ist aber nicht das Einzige, was eine Freundschaft definiert und viele Hunde führen Freundschaften, ohne jemals miteinander zu spielen. Die meisten Verhaltensweisen von Freundschaft und Zugehörigkeit übersehen wir. Insbesondere die kleinen Gesten des Miteinanders.

Kontaktliegen ist ein Zeichen von Zusammengehörigkeit und Freundschaft.

GESTEN DER FREUNDSCHAFT

- Entspanntes, freundliches Begrüßen ohne Imponieren
- Beschnuppern ohne sexuelles Interesse
- Gegenseitige Körperpflege
- Kontrollieren von Verletzungen
- Mitbekommen und reagieren, wenn der eine krank ist
- In der Nähe liegen
- Am Körper dran liegen
- Auf dem Körper drauf liegen
- Nebeneinander oder in der Nähe zueinander tief schlafen
- Die gleiche Position einnehmen
- Gemeinsam Dinge betrachten oder erkunden
- Nebeneinander herlaufen
- Beim Spaziergang beieinanderbleiben und aufeinander achten
- Sich begrüßen nach einer Trennung
- Sich aneinander reiben und anschmiegen

INNIGE VERBINDUNG

Genauso wie die Gesten der Freundschaft, das Miteinander erleben und umeinander kümmern, gehört die gegenseitige Körperpflege und liebevolle Berührungen beim Hund zum Ausdruck tiefer Verbundenheit. Dazu zählt sowohl das Verteilen als auch das Empfangen von Zärtlichkeiten. Das Beknibbeln von Fell und Haut, das Entfernen von Verschmutzungen und Ablecken von Ohren und Augen. Im Zusammenhang der zärtlichen Berührung geschieht das immer in einer vollkommen entspannten Körperhaltung. Die Augen sind sanft und weich und oft geschlossen oder halb geschlossen. Die Rute hängt herunter oder wedelt ganz leicht. Das Maul des Hundes ist geschlossen und locker. Häufig passieren diese Berührungen im Liegen und in einer entspannten Situation, zu Hause und in Sicherheit. Beim Ablecken des Fells ist die Zunge weich und breit und die Leckbewegungen langsam und sanft.
Während Hunde im Welpen- und Seniorenalter öfter die Berührungen und Pflegemaßnahmen des anderen genießen, teilen sie diese im Junghund- und erwachsenen Alter auch aus. Genau wie bei uns werden die Kleinen und die Alten mehr gepflegt, als dass sie pflegen, während die Erwachsenen mehr Pflegemaßnahmen austauschen und geben.

LIEBE IST ALLES

Körperkontakt und liebevolles Miteinander sind ein Grundbedürfnis für Hunde. Sie brauchen Zuneigung und Berührungen mit freundlicher Absicht, genau wie wir Menschen. Nicht von irgendwem und überall, sondern von ihren Freunden, ob Hund oder Mensch. Sie brauchen die Möglichkeit, ihre Zuwendung zeigen zu können. Deswegen

Gegenseitige Körperpflege stärkt die Freundschaft.

Verletzungen und Krankheiten bei ihren Freunden beschäftigen auch Hunde.

ist es unabdingbar, Hunde anzufassen, zu streicheln und ihr Fell zu betasten.
Alle Gegenstände und Hilfsmittel, vom Halsband bis zum Futterbeutel, sind leblose Gegenstände, die zwischen dem Kontakt stehen. Sie allein machen nicht glücklich und verhindern manchmal sogar Nähe.

Soziale Interaktion ist das, was Hunde wirklich brauchen

Dazu gehört ein freundlicher Blick als Lob, ein sanftes Wort und ein liebevolles Streicheln genauso wie ein Festhalten am Körper, ein Wegdrücken mit der Hand, ein Schieben, Drängeln, Heranziehen oder ruhiges Halten. Unsere Hände fühlen, was keine Leine und kein Geschirr fühlen kann. Unsere Körpersprache ist für Hunde gut lesbar und einfacher zu verwerten, als jede Trainingsmethode und jedes bunte Ding, das helfen soll, Hunde zu erziehen. Mein Wunsch wäre, dass wir als Hundebesitzer:innen wieder mehr zu einem natürlichen Umgang zurückfinden, statt immer mehr Gegenstände und Techniken zwischen uns und den Hund zu schalten.

WAS DAS FÜR DEN UMGANG BEDEUTET

Eine große Sorge vieler Hundebesitzer:innen ist die Frage nach einer intensiven Bindung ihres Hundes zu ihnen. Gemeint ist damit mehr die Frage: „Liebst du mich, wie ich dich liebe?". Hier kommt es nicht zuletzt durch unbedarfte Aussagen von Hundetrainer:innen immer wieder zu großer Verwirrung. Da ist es vielleicht ganz schön zu wissen, dass ein Hund nicht „keine Bindung" haben kann. Unsere Hunde pflegen Beziehungen zu uns und sind nicht gebunden. Zum Glück nicht! Wir sind nicht der Mittelpunkt und einziger Lebensgrund unseres Hundes und es wäre auch schrecklich, wenn das unser Ziel wäre. Eine Freundschaft besteht nicht aus Abhängigkeit und mehrere Freunde zu haben hat keine Aussage über die Qualität der verschiedenen Beziehungen.

Anfassen, Kraulen und Massieren sind ein Ausdruck von Zuneigung.

Sich gemeinsam bewegen bringt Hund und Mensch zusammen – ganz ohne Gegenstände und Spielzeug.

Jede Beziehung ist anders und kann nicht von außen mit gut oder schlecht bewertet werden. Mögen sich beide und sehen sich freundschaftlich verbunden, so ist die Art ihr gemeinsames Leben zu gestalten doch höchst individuell. Außerdem hat auch jeder Hund ein eigenes Interesse an eigenen Hobbys und anderen Kontakten außerhalb der Freundschaft zum Menschen.
Oft hegen wir eine gewisse Allmachtfantasie, die durch Aussagen wie: „Schuld ist immer das andere Ende der Leine!" bestärkt werden. Als würde jedes Verhalten, alle Meinungen und Ansichten unseres Hundes ausschließlich durch uns gelenkt werden.
Auch wenn wir erzieherisch in das Verhalten unseres Hundes eingreifen können, ihn versorgen und sein Leben regulieren, weil er unser Haustier ist, so bleibt er doch ein eigenständiges Lebewesen und jeder Hund ist

Gemeinsam ruhig genießen muss oft erst gelernt werden. Der Welpe wird mit sanftem Festhalten daran gewöhnt.

anders. Wer bereits mehrere Hunde hatte, der weiß, dass sich jede Freundschaft anders ausdrückt und auch wenn du immer dieselbe Person bist, so entwickelt sich jeder Hund in deiner Obhut anders und einzigartig.
Aus der Angst vor „schlechter Bindung" entsteht manchmal das Verweigern erzieherischen Eingreifens, das Unterlassen jeglichen Grenzen-Setzens dem Hund gegenüber und eine wahre Beschäftigungsmanie. Mit dem Wunsch alles zu tun, um die größtmögliche Liebe seines Hundes zu erhalten, wird am Bedürfnis des Hundes vorbei einem Trend gefolgt, der möglichst komplizierte Techniken und Worte beinhaltet.
Der Hund wird von oben bis unten in bunte Bänder und Leinen gewickelt und mit einem Patronengurt aus Futterbeuteln und Spielzeugen bewaffnet durch den Wald gefüttert und trainiert. Ein bisschen mehr Natürlichkeit, Bauchgefühl und Vertrauen in unsere Fähigkeiten und die Fähigkeiten des Hundes würden uns gut zu Gesicht stehen. Auch hier lassen sich Beziehungen von Hund und Mensch gut miteinander vergleichen: Selbstliebe und Selbstreflexion machen einen zu einem guten Freund, nicht Selbstaufgabe und Dauerfokus auf den anderen. Freundschaft ist ein gemeinsamer Weg durch dick und dünn, durch Streit, vertragen und zusammen verlebte Zeit. Sich selbst zurückzunehmen und im Sinne des anderen zu handeln, ist für beide Seiten wichtig. Und am Ende des Tages über seinen eigenen Wert genauso sicher Bescheid zu wissen, wie dankbar für den Wert des anderen zu sein. Wer so lebt, der braucht sich nicht um Liebe zu sorgen. Der weiß, dass er liebt und geliebt wird.

WIE SICH FREUNDSCHAFTEN IM LAUF DES LEBENS ÄNDERN

Die Art, wie Hunde miteinander umgehen und sich in der Welt sehen, hängt stark von ihrem Alter ab. Beziehungen durchleben dabei altersbedingt einen Wandel.

DAS LEBEN ALS HUNDEWELPE

Unsere Hunde durchleben ihr Leben viel schneller als wir. Dabei machen sie aber dieselben Schritte und für uns ist es manchmal schwer, nicht in unserem eigenen Zeitstrang des Älterwerdens zu denken. Ein Welpe, der mit zehn Wochen zu uns kommt, ist ungefähr auf dem gleichen Entwicklungsstand wie ein Schulkind. Oft haben wir noch ein kleines Baby vor Augen, aber diese Zeit ist da bereits vergangen. Muttermilch trinken, Laufen lernen und Krabbeln und sich langsam allein raus trauen ist bereits alles passiert, während der kleine Hund noch bei seiner Mutter war.

Was er braucht und leisten kann, ist nun also auch ungefähr daran zu bemessen, was einem Kind mit sieben Jahren ungefähr

Körperkontakt ist schon für Welpen der wichtigste gemeinsame Nenner. Ob sie Geschwister und liebevolle Eltern haben, wirkt sich auf ihre späteren Freundschaften aus.

Alles, was nicht verboten ist, ist erlaubt! Erziehungsweisheit „à la Hund".

zugetraut werden könnte. Damit erklärt sich viel im Umgang. Eine ruhige, geduldige Art ist hier wichtig, vieles kann man einfach vermeiden, Dinge einfach wegräumen und aus Fehlverhalten muss man bei aller Konsequenz kein großes Ding machen. Niemand sollte sich durch das Verhalten eines siebenjährigen Kindes beleidigt, angegriffen oder ernsthaft herausgefordert sehen. Und so auch nicht durch das Verhalten eines Welpen. Mit ganz viel Leichtigkeit kann der kleine Hund einfach die Welt entdecken und unter unserem Schutz Erfahrungen machen. Wir suchen dabei aus, welche Erfahrungen für ihn hilfreich sind.

In dieser Lebensphase sind Hunde anhänglich und schlafen viel. Sie wollen in unserer Nähe sein, zeigen sich vorbildlich beim Erlernen von Kunststücken und Kommandos und laufen uns gern hinterher. Wenn sie ein Problem haben, suchen sie unsere Hilfe und unsere Liebe und Fürsorge nehmen sie dankbar an.

Auch Hunde sind mit Welpen (in der eigenen Familie!) besonders nachsichtig und korrigieren ihr Verhalten geduldig und sanft. Sie beschützen sie und lassen sie trotzdem Dinge ausprobieren. Sie sind immer da und strahlen eine natürliche Selbstverständlichkeit aus, um den Welpen neue Situationen zu erleichtern.

Welpen können mit sehr viel ruhiger Nachsicht durchs Leben geführt werden. Sie brauchen kein Training, Lob oder Strafen. Sie müssen Zeit haben, sich die Welt in Ruhe anzuschauen, Erfahrungen zu sammeln und unter den wachenden Blicken ihrer Menschen auszuprobieren, was man hier alles machen kann. Zeigen sie Verhalten, was wir nicht wollen, zum Beispiel das Ankauen von Gegenständen, dann ist es völlig unnötig zu schimpfen oder irgendetwas trainieren zu wollen. Es reicht den Gegenstand kommentarlos und ruhig wegzunehmen und hochzulegen, sodass der Welpe ihn nicht mehr erreichen kann. Genauso reicht es für gewöhnlich den Welpen bei jeder Art emotionaler Überreaktionen ruhig und liebevoll festzuhalten, bis er sich wieder im Griff hat und ihn dann loszulassen und dasselbe nochmal probieren zu lassen.

Immer wieder ausprobieren dürfen, was das eigene Verhalten bewirkt, ist wichtig.

Im Junghundealter zeigen sich plötzlich neue Interessen und Hobbys.

Wer bei Welpen schon mit lauter Hilfsmitteln und Absichten des Trainierens an die Welt herangeht, der schafft oft mehr Probleme, als dass er sie löst. Das Einzige, was Welpen mit viel Lob gezeigt werden kann, sind die paar wichtigen Kommandos, die man später im Hundeleben brauchen wird. Diese Kommandos sind aber das weit Unwichtigste und machen nur einen winzigen Teil im Leben des Welpen aus.
Der Fokus sollte darauf liegen, ihn so selbstverständlich wie möglich überall hin mitzunehmen und ihn so zu behandeln, als sei das, was von ihm später erwartet wird, völlig normal. Ganz ohne jedes Trara und Training.

WUSSTEST DU, ...
dass Welpen eine verhältnismäßig gute Frustrationstoleranz mitbringen, während Junghunde plötzlich ungeduldig und quengelig werden?

DAS LEBEN ALS JUNGHUND

Wird der Hund etwas älter, dann ist er schneller, als wir oft hinterherkommen, schon in der Pubertät. Mit ungefähr ein bis zweieinhalb Jahren ist er das Gegenstück zum aufmüpfigen Teenager, der wissen will, wo er in der Welt steht. Er möchte sich abgrenzen, Regeln brechen und herausfinden, welche Konsequenzen es für ihn hat, wenn er tut, was er möchte. Auf einmal ändert sich das Zusammenleben mit dem Hund vom rosaroten Zeigen der Welt zum konfliktreichen Durchsetzen von Grenzen und Vorgaben. Auch unser Hund ist dafür nicht besonders dankbar in dem Moment. Sexualverhalten, Aggression und auch das Jagen bekommen plötzlich einen erhöhten Stellenwert in seinem Leben. Plötzliche Ängste plagen Junghunde, um dann genauso plötzlich wieder zu verschwinden, wie sie aufgetaucht sind. Ihr Körper entwickelt sich im Zeitraffer und sie bewegen sich unbehol-

fen und übermütig. Bereits Gelerntes wissen sie zwar, haben aber schlichtweg keinen Bock mehr es abzurufen. Sie „fragen" provokativ, welche Konsequenz es denn hätte, wenn sie einfach nicht tun, wie ihnen geheißen und machen sich einen Spaß aus ihrem Ungehorsam und der Hilflosigkeit der Menschen. Der Hund stellt uns in der Pubertät auf die Probe und wir können nun zeigen, wie es um unsere Durchsetzungskraft und Souveränität steht. In dieser Zeit des Lebens sind Hunde meist im Haus besonders anhänglich und verschmust, während sie draußen gern tun, als würden sie einen nicht mal kennen.
Diese krasse Schere aus Abhängigkeit und Unabhängigkeit bringt manchen Hundemenschen zur Verzweiflung. Gerade in diesem Moment lernen Hunde Selbstregulation und höflichen Umgang mit anderen, was uns ziemlich oft zum Spielverderber macht. Wir haben in dieser Phase oft weniger Freundschaft mit dem Hund, als wir uns wünschen, können aber entspannt auf die Zukunft bauen. Hier heißt es locker zu bleiben und konsequent durchzusetzen, was man sich vorgenommen hat. Die Zeiten werden besser.
Auch Hunde sind meist genervt von Teenagern. Auf einmal setzen sie ihre Regeln präventiv und streng um. Junghunde haben es nicht leicht in Hundegruppen. Überall werden sie gemaßregelt und ihre „superwitzigen" Ideen im Keim erstickt. Trotzdem gehören sie weiter zur Gruppe und werden mit aller Liebe aufgenommen, wenn sie sich zusammennehmen und Nähe suchen.
Beim Junghund sieht der Umgang mit Fehlverhalten ganz anders aus als beim Welpen. Hier steht der Abbruch von Fehlverhalten und das Durchsetzen ganz klar im Fokus. Hier kann nicht mehr alles ignoriert werden, sondern es bedarf klarer und konsequenter Vorgaben vom Menschen. Wo früher noch einfach darüber hinweg gesehen werden konnte, muss nun ein Anspruch an den Hund gestellt werden und seine Mitarbeit und Fähigkeit gefordert und eingefordert werden. Der Mensch darf sich darauf einlassen, dass er nun einen Teenager anleitet und kein kleines Kind mehr. In dieser wichtigen Lebensphase lernen Hunde insbesondere Verantwortung für ihr Handeln zu übernehmen und sich angepasst und fair zu verhalten, auch wenn nicht immer alles nach ihrer Nase geht.

Bei all den Verboten in der Pubertät sollte man den Humor nicht vergessen.

DAS LEBEN ALS ERWACHSENER HUND

Erwachsene Hunde werden automatisch etwas weiser und angepasster als Junghunde. Die Erziehung ist nun vollzogen und es geht nur noch gelegentlich um das situative Durchsetzen von Regeln oder Erinnern an Abmachungen. Den Rest der Zeit kann man nun genießen. Vertrauen und Gemeinsamkeit prägen diese Lebensphase und alle die Freuden, die man sich vom Zusammenleben mit dem Hund erhofft hat, werden hier endlich real.

Erwachsene Hunde streiten sich weniger und haben ihre Beziehungen klar sortiert. Sie sind entspannter als Junghunde, aber trotzdem noch aktiv im Leben involviert. Stress macht ihnen nun weniger aus und auch ihre Suchtanfälligkeit sinkt. Ihre Erfahrung macht sie im Zusammentreffen mit fremden Hunden klarer und souveräner und die Stimmungen anderer Hunde nehmen sie schnell wahr. Sie haben ein festes Gefühl der Zugehörigkeit, ohne sich abhängig zu fühlen und entwickeln ein ausgeprägtes Selbstbewusstsein. Ihre Konflikte werden weniger, aber wenn es zu Konflikten kommt, sind sie

Was man erzieherisch geleistet hat, sieht man erst richtig beim erwachsenen Hund.

darin pingeliger und ernsthafter als noch als Junghund. Auch ihr Jagdverhalten ist nun zielsicherer und Manipulationstechniken dem Menschen gegenüber sind ausgefeilt. Angenehmes und auch unangenehmes Verhalten hat sich etabliert und ritualisiert. Während der Junghund den Menschen noch ständig gefordert hat, ist der erwachsene Hund in seiner Persönlichkeit stabil und sein Mensch bekommt nun den Dank für seine Durchsetzungskraft oder die Quittung für seine Nachlässigkeit. Sowohl Lob als auch Strafen sollten in dieser Phase überholt und unnötig sein. Ein seltenes, situatives Unterbrechen von Verhalten und eine bedingungslose Bestätigung statt Lob einzelner Situationen sind jetzt normal. Hier sollte jede Erziehung bereits abgeschlossen sein.

DAS LEBEN ALS ALTER HUND

Wird der Hund zum Senior, dann ändert sich wieder einiges. Aus der wachsenden Selbstständigkeit wird ein langsames Abschied nehmen und immer mehr zu sich selbst kommen. Statt zu kuscheln liegt der Hund nur noch in der Nähe, seine Begrüßungen sind weniger enthusiastisch und sein Interesse am Kontakt wird langsam weniger. Plötzlich tauchen Ängste auf, er kann nicht mehr alleinbleiben oder mag nicht mehr Auto fahren. Manche Hunde werden im Alter auch griesgrämig und bissig. Sie schlafen viel und ziehen sich vielleicht sogar ab und zu ganz in einen anderen Raum zurück. Auch wir Menschen machen das so und sind dabei nicht zwangsläufig unglücklich. Es gehört eben dazu langsam weiterzugehen, um irgendwann die anderen hinter sich lassen zu können. Die „Rentenzeit“ mit Hund ist, neben vielen Tabletten und Tierarztbesuchen, von einer angenehmen Ruhe und Einigkeit geprägt. Man kennt sich und muss nichts mehr beweisen. Regeln durchzusetzen verliert immer mehr an Wichtigkeit und frühere Maßgaben werden plötzlich über den Haufen geworfen. Der alte Hund genießt eine gewisse Narrenfreiheit, nutzt sie aber nicht übermäßig aus. Dadurch ist das Zusammenleben trotz der plötzlichen Inkonsequenz möglich.

Hunde untereinander werden ebenfalls mit dem Alter weiser und gnädiger. Sie kümmern sich mehr um sich selbst und weniger um die anderen. Oft entwickeln sie aber bei Welpen eine mitfühlende Ader und ein großelternhaftes Kümmern um die Kleinen, ohne dabei besondere Strenge walten zu lassen. Jüngere Hunde begegnen alten Hunden in der Familie mit Respekt, aber auch mit einem gewissen Abstand. Alte Hunde werden wieder mehr wie Welpen und man kann ihnen auch viel mehr zugestehen. Das Durchsetzen und Unterbrechen von ungewünschtem Verhalten kann wieder gegen ein Managen der Situation und Vermeidung von Chancen auf Fehlverhalten geprägt sein. Das Käsebrot darf eben nicht mehr auf dem Tisch liegen bleiben und wenn der Hund etwas länger schnuppern möchte, dann darf man geduldig warten.

Die Zeit kurz vor dem Tod des Hundes sollte genossen und genutzt werden und bisher versäumte Erziehungsideen nicht noch auf Zwang umgesetzt werden, nur weil man es vorher nicht geschafft hat.

Auch wenn Training mit sehr alten Hunden möglich ist, darf man die Frage nach der Sinnhaftigkeit und Fairness stellen, solange es nicht um ein Verhalten geht, das den Hund selbst aktiv schädigt.

WUSSTEST DU, …
dass alte Hunde dement werden können und sich dann plötzlich komisch verhalten?

Alte Hunde brauchen viel Schlaf und Ruhe.

WAS DAS FÜR DEN UMGANG BEDEUTET

Mit dem Fluss des Hundelebens mitzuschwimmen und sich immer wieder bewusst zu machen, wie alt der Hund wäre, wenn er ein Mensch wäre, beantwortet viele Fragen. Ein Hundejahr ist umgerechnet ungefähr sieben bis neun Menschenjahre. Allerdings muss man am Anfang des Hundelebens schneller rechnen. Ein einjähriger Hund ist also nicht wie ein siebenjähriges Kind. Die Zeit vor der Pubertät läuft beim Hund in dieser Rechnung viel schneller.

Die ersten drei Lebenswochen eines Hundes sind ungefähr zwei bis drei Lebensjahre eines Menschen. Mit acht bis zehn Wochen wäre der Hund als Mensch im Einschulungsalter, mit einem halben Jahr am Anfang der Pubertät. Mit einem Jahr sind Hunde dann ca. dort, wo ein Mensch mit sechzehn wäre, und dann geht es langsamer weiter. Mit ungefähr drei bis vier Jahren sind Hunde der Pubertät vollständig entwachsen und damit dann etwa so alt wie ein fünfundzwanzig- bis dreißigjähriger Mensch.

Die Phase des Erwachsenseins ist unterschiedlich lang. Ein Hund kann 10 bis 18 Jahre alt werden. Wobei letzteres wirklich sehr alt ist. Viele unserer Rasse werden leider nur noch durchschnittlich sieben oder acht Jahre alt und das ist schon freundlich gerechnet. Hier sollte man sich unbedingt bei der Wahl eines Rassehundes außerhalb der Züchterinformationen eine realistische Einschätzung holen. Denn die angegebenen Zahlen sind bei vielen, gerade den extrem groß werdenden Rassen, stark beschönigt. Die Enttäuschung ist dann groß, wenn der Hund am Ende sechs oder sieben Jahre alt wird.

Am Ende des Lebens werden pedantische Regeln immer unwichtiger.

Von der Erfahrung alter Hunde können Welpen lernen und daran wachsen.

Möchtest du vermeiden, so früh von einem Hund Abschied nehmen zu müssen, dann halte dich fern von Hunderassen, die möglichst abgedreht und speziell sind, die übermäßig riesig oder winzig sind oder sonst wie ein ganz auffälliges Aussehen haben. Das gilt für alle Merkmale am Hund, auch die Farbe. Je ausgefallener, desto eher handelt es sich um ein sogenanntes Qualzuchtmerkmal oder ein Extrem, das irgendwo auch einen extremen Nachteil mit sich bringen kann. Ich möchte auch eine Lanze für den Mischlingshund brechen, denn statistisch trägt er weniger Potenzial für gefährliche Erbkrankheiten. Natürlich kann, soll und darf jeder aussuchen, ob er einen Rassehund will oder nicht. Bei der Auswahl ist es aber ratsam, kritisch zu schauen, wie lange man mit seinem vierbeinigen Freund wohl hat und ob dieses Leben von eigentlich unnötigen Krankheitssymptomen erfüllt sein muss.

01

MIT EINEM ANDEREN IST ER ANDERS

Hunde wissen genau, mit wem sie unterwegs sind und bei wem sie sich was leisten können. Sie verhalten sich immer dem Gegenüber entsprechend, mit dem sie gerade zusammen sind. In einer Hundebetreuung beispielsweise ist der eigene Hund ohne Besitzer:in oft ein ganz anderer Hund. Ist die Betreuungsperson besonders klar und benutzt ihre Körpersprache bewusst und gezielt, dann kann es passieren, dass der Hund hier plötzlich artig ohne Leine läuft, oder ohne jeden Konflikt mit anderen Hunden auskommt, während das zu Hause unmöglich erscheint.
Andere Umstände und andere Beziehungen beeinflussen das Verhalten von Hunden maßgeblich. Auch da sind sie genauso wie wir. Auch wir verhalten uns bei der Arbeit vielleicht etwas anders als mit Freunden in unserer Freizeit. Auch wir streiten uns mit Partner:innen anders als mit einem Fremden oder Arbeitkolleg:innen. Allein auf einer Party mit fremden Menschen benehmen wir uns nicht wie zu Hause und das Wiedertreffen mit alten Schulfreunden kann längst vergangene Verhaltensmuster wieder hervorrufen.

Hunde sind nicht nur so, wie sie sind, sie sind mit uns so, wie sie mit uns sind. Verhalten sie sich mit anderen Menschen anders, dann liegt es an der unterschiedlichen Dynamik und Rolle des anderen.

WAS DAS FÜR DEN UMGANG BEDEUTET

Möchten wir ein bisschen mehr von dem, was der Hund mit einem anderen Menschen zeigt, dann sollten wir uns fragen, was genau dieser Mensch anders macht. Nicht nur im Umgang mit dem Hund, sondern wie er sich grundsätzlich verhält, bewegt und eingestellt ist.
Um einen Überblick zu bekommen, welches Fehlverhalten des Hundes vielleicht auch an unsere Beziehung gekoppelt ist, kann es sehr spannend sein, jemand ganz anderen den Hund in der problematischen Situation führen zu lassen. Zu wissen, wie sich der Hund

ohne einen verhält, oder zu fragen, ob vielleicht Familienmitglieder oder Hundebetreuer:innen bestimmte Probleme haben oder nicht haben, ist oft aufschlussreich. Die Art mit dem Hund umzugehen, wie man denkt und fühlt, wie man sich im Alltag gibt und bewegt, hat einen Einfluss darauf, was der Hund tut. Dabei geht es nicht um die Reaktion oder den Umgang direkt in der problematischen Situation selbst. Das wäre zu kurzfristig gedacht. Das Handeln in der Problemsituation ist nur ein winziger Teil vom Gesamteindruck! Es geht um den allgemeinen Umgang überall und jederzeit.

02

03

01 Extreme Körperformen können zu Kommunikationsschwierigkeiten und Krankheiten führen.

02 Verhält sich unser Hund woanders besser als bei uns, sollten wir unser Verhalten reflektieren.

03 Hunde verschiedener Rassen entwickeln sich unterschiedlich schnell.

WIEDER ZU HAUSE

FÜTTERUNGSZEIT

Die meisten Hunde lieben es zu fressen. Mit großer Wonne schlingen sie ihr Futter herunter und greifen auch mal bei Dingen zu, die wir Menschen nicht so lecker finden.

FRESSVERHALTEN

RUHEN NACH DEM FRESSEN IST WICHTIG

Zurück vom Spaziergang ist es Zeit etwas zu fressen. Hunde sollten nach dem Spaziergang fressen, da sich ein vollgefutterter Magen bei Sprüngen und starken Bewegungen verdrehen kann und damit zu einer lebensbedrohlichen Situation führt. Insbesondere große Hunde mit einem tiefen Brustkorb oder viel Bindegewebe und hängender Haut sind hier gefährdet. Was alles genau zur Magendrehung führt, ist immer noch nicht vollständig erforscht. Die Rasse, also Genetik und Vererbung, spielen wohl die größte Rolle. Bei Welpen ist die Gefahr extrem gering, auch wenn sie nach dem Fressen spielen. Je älter der Hund wird, desto eher passiert es. Stress, schwer verdauliches Futter, das lange im Magen verbleibt und das auf den Rücken-Drehen im Schlaf sind weitere Faktoren, die die Gefahr erhöhen.

Zu Hause angekommen mit Zeit zum Ruhen ist also der ideale Moment zum Füttern. Hunde schlingen ihr Futter nahezu unzerkaut herunter. Ihr Speichel ist dickflüssiger als unserer und bildet ein gutes Schmiermittel, um große Brocken zu verschlingen. Sehr trockenes Futter ist für sie unnatürlich schwer zu schlucken, da sie darauf ausgelegt sind, Fleisch und Essensreste vom Menschen zu sich zu nehmen.

Hunde kauen auch deswegen nicht, weil sie es nicht nötig haben. Ihr Speichel enthält keine Verdauungsenzyme und die Zersetzung des Futters findet im Magen statt, in der deutlich stärker konzentrierte Magensäure blubbert als im menschlichen Magen. Damit können Hunde sogar unzerkaute Knochenstücke vollständig verdauen und die meisten aufgenommenen Bakterien durch Aas oder anderweitig verdorbenes Futter werden darin abgetötet. Ein Hund mit hoher Säurekonzentration im Magen ist damit widerstandsfähiger gegen Bakterien und Krankheiten.

Die Konzentration der Säure steigt durch die Fütterung von großen, rohen Fleischbrocken, Knochen und Knorpel. Je stärker verarbeitet das Hundefutter ist, desto weniger konzentriert ist die Säure im Magen. Dadurch können Überempfindlichkeiten entstehen.

Eigentlich gehört das Jagdverhalten der Hunde zum Fressen dazu, da unsere Hunde aber schon lange nicht mehr darauf angewiesen sind zu jagen, geht dieser Zusammenhang immer mehr verloren. Auch Straßenhunde jagen selten, sondern ernähren sich eher von Abfällen oder werden von Einheimischen oder Touristen gefüttert.

WUSSTEST DU, …

dass Hunde in anderen Ländern oft extrem scharfe Speisen fressen und kein Problem damit haben? Scharfe Gewürze sind weder ungesund noch gefährlich.

Bunt ist gesund! Wer keine Allergien oder Unverträglichkeiten hat, sollte abwechslungsreich fressen dürfen!

FRESSEN IST EIN GRUNDBEDÜRFNIS

Futter hat für die meisten Hunde eine große Bedeutung und ist als Grundbedürfnis zu betrachten. Futter zu entziehen, um den Hund gefügiger zu machen, wenn man mit einer Futterbelohnung locken möchte, halte ich persönlich für fragwürdig in der Hundeerziehung. Da der Hund auf uns angewiesen ist, ist es unsere Aufgabe, ihn bestmöglich und gesund zu ernähren und ihm Futter so zur Verfügung zu stellen, dass er keinen dauerhaften Hunger hat, aber auch nicht unter Übergewicht leidet.

WAS DAS FÜR DEN UMGANG BEDEUTET

Bei Futter hört für einige Hunde die Freundschaft auf. Es ist ratsam, Hunde nicht gleichzeitig direkt nebeneinander zu füttern, vorsichtig zu sein, wenn Kinder Hunde füttern und eventuell herunterfallende Brocken aufheben wollen, die der Hund gerade nehmen wollte, und nicht einfach fremde Hunde ungefragt auf der Hundewiese zu füttern.

Ob man den Hund einmal, zweimal oder sogar dreimal am Tag füttert, hängt vom Hund ab. Große Hunde und Hunde im

Wachstum sollten mehrmals am Tag fressen, um nicht die gesamte Futtermenge auf einmal hineinzuschlingen und alle Nährstoffe jederzeit verfügbar zu haben.
Mehr als drei Fütterungen am Tag treiben den Insulinspiegel unnötig in die Höhe. Auch das Füttern von Hundekeksen über den ganzen Tag verteilt kann sich ungünstig auf Zucker und Insulinspielgel des Hundes auswirken und dauerhaften Hunger verstärken. Hunde, die mit Fertigfutter gefüttert werden, können stark übergewichtig werden, was sehr ungesund ist. Gerade Hunde im Wachstum sollten eher dünn gehalten werden. Lieber etwas zu schlaksig als zu dick. Bereits ein leichtes Übergewicht im jungen Alter erhöht die Gefahr und Ausprägung von Knochenerkrankungen merkbar.
Einen Hund mit Fleisch und Gemüse übergewichtig zu füttern, ist nahezu unmöglich. Selbst der verfressenste Hund kann mit einem Anheben der Gemüseration zum

01

Fleisch so große Mengen zu sich nehmen, dass er satt wird und trotzdem nicht dick. Hunde können sehr viel verdauen und verwerten und kommen selbst mit dem schlechtesten Futter noch ziemlich weit. Ihr Körper ist eine Hochleistungsmaschine, was die

Wer gesund kocht, kann auch seinen Hund mit dem eigenen Essen füttern.

02

03

Gewinnung von Nährstoffen angeht. Mangelernährung sieht man ihnen erst nach vielen Jahren an oder bemerkt sie nie. Entgegen allen Gerüchten können Hunde nahezu alles fressen, ohne Schaden zu nehmen. Nur ein paar wenige Lebensmittel sind im rohen oder übermäßigen Zustand ungesund oder gefährlich für sie. Salzige oder Gewürzte Speisen sind genauso wenig ein Problem für sie wie altes, fauliges Fleisch oder Backwaren.

GESUNDES FUTTER

Hunde sind darauf ausgelegt, sich von Fleisch und pflanzlichen Bestandteilen zu ernähren. Seit vielen tausend Jahren ernähren sie sich hauptsächlich durch Essensreste des Menschen, Fleisch, kleinere Beutetiere und Schlachtabfälle. Diese Form der Nahrung ist also als natürlichste Form der Ernährung anzusehen, so wir denn vom Haushund sprechen. Der Wolf hingehen frisst hauptsächlich rohes Fleisch.
Durch einen kurzen Darm ist der Hund dafür gedacht, schnell und effektiv zu verdauen. Lange Gärungszeiten in Magen und Darm machen ihm Probleme mit Blähungen, Parasitenanfälligkeit und Durchfall.

01 Fertigfutter gibt es in unterschiedlichster Qualität. Damit zu füttern ist am leichtesten.

02 Frisches, gesundes Futter selbst anzurühren ist mit einem Fachbuch einfach zu erlernen.

03 Auch für kranke Hunde gibt es Anleitungen für selbstgemachtes Diätfutter.

Minderwertige Eiweißquellen in seinem Futter können zum Ungleichgewicht im Mikrobiom des Darms führen und Überbesiedelungen störender Darmbakterien fördern.
Die Frage nach gesundem Futter kann ganze Glaubenskriege entfesseln. Sämtliche Informationen und Argumentationen für eine bunte und natürliche Ernährung und gegen Fertigfutter würde ein weiteres Buch füllen. Dieses Buch haben schon andere Menschen geschrieben, und wenn du es genau wissen möchtest, dann findest du viele Informationen zu artgerechter Fütterung im Internet oder in Fachbüchern (siehe Zum Weiterlesen Seite 195). Ich selbst füttere rohes Fleisch, Gemüse, Knochen, Öle, Kräuter und Essensreste und würde es auch immer so raten. Egal, wie durchdacht und ausgeklügelt die Dosenravioli und Tütensuppe auch sein mag, es bleibt Dosenravioli und Tütensuppe.

Leckmatten sind eine Beschäftigungsmethode und keine Therapie für schlingende Hunde.

SCHLINGEN

Hunde schlingen ihre Nahrung. Das ist keine schlechte Angewohnheit, sondern ein normaler Wesenszug von ihnen. Wer glaubt, sein Hund würde zu sehr schlingen, dem empfehle ich sehr, bei einer Wolfsfütterung im Tierpark beizuwohnen. Dort kann man beobachten, wie Wölfe im Sprung ein unterarmgroßes Stück Fleisch mit Knochen darin packen und es verschluckt haben, noch bevor ihre Füße wieder den Boden berühren. Das zu sehen relativiert die Definition von „schlingen" doch sehr. So lange der Hund nicht zu fressen bekommt, was so leicht ist, dass er es einatmen könnte, oder so fest, dass er es nicht zerbeißen kann, um es in Brocken herunterzuschlucken, ist das auch kein Problem. Besondere Vorsicht ist also nur bei kleinen Trockenfutterbrocken und Knochenfütterung walten zu lassen. Gerade alte Hunde, denen es an Beißkraft fehlt, neigen zum Verschlucken zu großer Knochenteile. Weiches Futter können Hunde in beachtlich großen Stücken herunterwürgen, ohne zu ersticken.

Es ist in Mode gekommen zu denken, dass man dem Hund das Schlingen abgewöhnen müsste. Dazu besteht aber kein Anlass, denn er hat dadurch keinen Nachteil und sein Fressverhalten ist nicht mit unserem zu vergleichen. Auch das Sättigungsgefühl vieler Hunde setzt zu einem anderen Zeitpunkt ein, als wir es erwarten. Wölfe können bis zu 13 Kilogramm Fleisch in einer Mahlzeit hinunterwürgen. Danach liegen sie den ganzen Tag pupsend und schlafend da und können sich nicht regen. Das hält sie keinesfalls davon ab, es nächstes Mal genauso zu machen, wenn sie Hunger haben. Insbesondere Futter, dass nicht quellen kann, kann auch zu keiner Gefahr führen. Dem Hund platzt nicht der Magen, vorher wird er sich übergeben. Er sollte nach derartigen Mahlzeiten nur vom Springen und Toben abgehalten werden, wobei er darauf wohl auch keine Lust mehr haben wird, sollte er eine „Wolfsportion" zu sich genommen haben.

WAS DAS FÜR DEN UMGANG BEDEUTET

Anti-Schling-Näpfe sind bloße Quälerei und bringen Hunde nur dazu noch mehr zu schlingen, wenn sie mal an etwas außerhalb des Napfes kommen. Gerade das Reglementieren und noch wertvoller machen von Futter ist Gift für alle Hunde, die übermäßiges Fressverhalten und Futteraggression zeigen. Die Näpfe in hohe Futterständer stellen, Sperren und Schikanen gegen das Schlingen oder Handfütterung Bröckchen für Bröckchen sollten vermieden werden.
Ist der Hund derart verfressen, dass man sich sorgen muss, dann hilft nur eins: Überfluss! Raus aus dem ständigen Mangel und Futterkontrolle, rein in die Erfahrung satt zu sein, sich zu erbrechen, das Erbrochene wieder zu fressen und wieder zu erbrechen. Auch bei Hunden, die sich futteraggressiv Menschen gegenüber zeigen, wäre es immer meine erste Wahl, die Tiere über mehrere Wochen wirklich satt zu füttern. Auch auf die Gefahr hin, dass sie dann nachts dreimal raus müssen und in dieser Zeit etwas zunehmen.
Mit einem hohen Gemüseanteil und rohem oder auch gekochtem Hackfleisch vom Rind kann man einen leckeren Brei erstellen, den der Hund in so großen Mengen zur Verfügung gestellt bekommt, bis er nicht mehr möchte. Und zwar wirklich, bis er nicht mehr möchte. Zusätzlich kann man es bei bereits eingeschliffenem Verhalten noch auf die Spitze treiben und dem bereits wankenden und sich übergebenden Hund direkt noch ein paar Bockwürstchen hinterher reichen. Danach noch etwas Käse oder was auch immer noch leckerer für ihn sein mag. Das Gefühl, endlich mal nicht alles kontrolliert und weggenommen zu bekommen, ist heilsamer als jedes Training.
Natürlich reicht da nicht eine einzige Erfahrung, es muss wiederholt und in so kurzen Abständen wie möglich passieren. Präventiv ist es ratsam, bereits dem Welpen mindestens drei Fresstage in der Woche zu bieten, an denen er eine Mahlzeit aus Fleisch bekommt, die so groß ist, dass er sie nicht bewältigen kann. Die Abstände zwischen diesen Fresstagen kann man über die Wochen langsam hochschrauben, sodass der erwachsene Hund nur noch einmal in der Woche in den Genuss kommen muss. Wer direkt so einsteigt, spart sich dauerverfressene, gierige Hunde, die nicht genug bekommen können.

Extrem schlingende Hunde sollten weiches, feuchtes Futter bekommen.

MÄKELIGE FRESSER

Manche Hunde fressen ungern. Selbst wenn es etwas Leckeres gibt. Das liegt daran, dass sie dafür gezüchtet sind, möglichst unbestechlich zu sein. Alle Rassen, die zum Bewachen von Weidetieren oder Menschen gezüchtet sind, neigen zur Mäkeligkeit. Ebenfalls sehr kleine Hunde, wie beispielsweise Toy-Rassen, sind oft katzenartige Futterverweigerer. Manchmal liegt es auch einfach nur am schlecht schmeckenden, langweiligen Futter, das Hunde ungern fressen und gerade Hunde, die abwechslungsreich ernährt werden, entwickeln oft einen Geschmackssinn und unterscheiden zwischen Geschmäckern, die sie mögen oder weniger mögen.

WAS DAS FÜR DEN UMGANG BEDEUTET

Wenn ein normalerweise fressender Hund das Futter plötzlich verweigert, dann sollte man abklären lassen, ob er krank sein könnte oder unter Parasitenbefall leidet. Ansonsten wird auch um Mäkeln oft ein viel zu großes Gewese gemacht. Anstatt dem Hund ständige neue Dinge zu kredenzen, ist es sinnvoll, ihm etwas Schmackhaftes anzubieten, und wenn er es nicht nimmt, sofort wieder in den Kühlschrank zu stellen. Das nächste Angebot sollte dann frühestens vier Stunden später gemacht werden und auch hier auf sämtliches Locken und Bezirzen verzichtet werden. Ich schwöre, dass ich noch nie in meiner Laufbahn von einem gesunden Hund gehört habe, der vor einem vollen Futternapf verhungert wäre.

WUSSTEST DU, …

dass in den meisten Ländern kein Hundefutter gefüttert wird, und dass es hier auch erst ungefähr seit den 60er-Jahren Fertigfutter gibt?

KOT FRESSEN UND WÜRMER

Ja, das ist eine sehr unangenehme Eigenart von Hunden. Hunde fressen den Kot von Pflanzenfressern und können sich darüber nicht nur einige der Pflanzenstoffe zunutze machen, die sie sonst nicht verwerten könnten, sie nutzen die enthaltenen Enzyme auch für eine Anregung der eigenen Darmtätigkeit. Wie effektiv das funktioniert, sehen wir, wenn der Hund nach ein paar genossenen Pferdeäpfeln ständig Kot absetzen muss. Da der Hund selbst eine relativ spärliche Darmflora besitzt, kann er so kurzfristig etwas nachhelfen. Das Fressen von Menschenkot gehört ebenfalls in diese Kategorie und so eklig es auch sein mag, so normal ist es leider auch.

Aufhören tut es beim Fressen von Hundekot, egal, ob den eigenen oder den anderer Hunde. Da spricht man von einer Verhaltensstörung. Dass ein junger Hund es ausprobiert, ist nicht selten und solange er es auch wieder lässt, nicht weiter schlimm. Manifestiert es sich aber zu einer Angewohnheit, so sollte eingegriffen werden. Nahezu alle Parasiten sind an ihren Wirt angepasst. Das sorgt dafür, dass der Hund sich keine Würmer durch Pferde- oder Kaninchenkot holen kann, da die Pferdewürmer und Kaninchenwürmer in seinem Körper sterben. Auch wir Menschen können übrigens keine Bandwürmer im Darm von Hunden bekommen, sie würden auch in uns sterben. Ein Wurm kann nur aus dem Eierstatus in den Wurmstatus kommen und im Darm überleben, wenn er im richtigen Wirt gelandet ist. Die Eier des in den falschen Körper eingefallenen Wurms können sich aber im Muskelgewebe ablagern und dort auf ihre Erweckung warten. Diese wird zwar niemals passieren, die eingelagerten Eier können aber schlimmstenfalls zu Entzündungen im Gewebe führen. Je nachdem, wo dieses Gewebe ist, kann das dann unangenehme

Das Fressen von Pflanzenfresserkot sorgt nicht für einen erhöhten Wurmbefall beim Hund.

Folgen haben. Das betrifft aber nicht den Hund und den Pferdewurm. Von ihm geht keine Gefahr aus.

Hunde haben übrigens immer Spulwurmeier in sich, die im Gewebe warten und bei einer Schwächung des Immunsystems ausbrechen können. Egal, wie viele Wurmkuren der Hund bekommt, denn diese töten nur die aktiven Würmer und Eier, die sich im Darm befinden. Deswegen haben Welpen und auch Hunde aus dem Tierschutz oft Würmer, obwohl sie kurz vor der Abgabe entwurmt wurden. Durch den Stress des Umzugs und das noch nicht vollständig ausgebildete Immunsystem des Welpen brechen die Würmer einfach wieder aus. Das ist normal, nicht schlimm und kein Grund zur Sorge. So lange die Würmer inaktiv sind, ist es völlig egal und sowieso nicht zu ändern.

Wer wissen will, ob aktive Würmer im Hund sind, kann das beim Tierarzt testen lassen. Bekommt der Hund immer wieder Würmer, so liegt das Problem nicht bei der Beseitigung der aktiven Parasiten, sondern im zu schwachen Immunsystem, was dann eine Aufpäppelung braucht. Da die eventuellen Würmer und andere Parasiten im Hundekot aber für den Hund sehr wohl relevant und ansteckend sein können, sollte er diesen nicht fressen.

Bedient sich ein Hund am eigenen Kot oder bei anderen Hunden, liegt es für gewöhnlich daran, dass er entweder durch seine Züchtung ein gestörtes Fressverhalten zeigt oder dass er einen Nährstoffmangel hat, was tatsächlich sehr selten der Grund ist. Am häufigsten liegt es darin begründet, dass der Hund über längere Zeit oder in jungen Jahren gelernt hat, Kot zu fressen. Wenn die Mutter der Welpen und auch die anderen Hunde beim Züchter dieses Verhalten gezeigt haben, schauen sich die Welpen das oft ab. Ebenso, wenn die Welpen zu wenig Umweltreize genossen haben, in gekachelten Räumen gehockt sind und die Welt nicht ausreichend erkunden konnten. Auch in Tötungsstationen oder Tierheimen, in denen viele Hunde unter großer Stressbelastung zusammen gehalten werden und schlimmstenfalls auch noch Hunger leiden, entsteht die Verhaltensstörung häufig.

WAS DAS FÜR DEN UMGANG BEDEUTET

Wer es nicht grade eklig findet, der kann seinen Hund den Kot von Pflanzenfressern nehmen lassen. Als Ersatz und oft auch als Hilfe bei nährstoffmangelbedingter Suche nach fressbarem Kot bietet sich das Füttern von grünem, ungekochtem Pansen und Blättermagen an. Diese enthalten die wichtigen Enzyme und sind sehr gesund.

Wer einen Hund hat, der Schäfer- oder Hütehundeblut in sich trägt, der sollte beim Tierarzt testen lassen, ob der Hund einen sogenannten MDR-1 Gendefekt hat. Dieser kann zu großen Problemen bei der Verstoffwechselung von Medikamenten führen und dann zur Gefahr werden, wenn der Hund Pferdäpfel von einem Pferd aufnimmt, dass kurz zuvor mit einem bestimmten Medikament entwurmt wurde. Für alle anderen Hunde ohne diesen Gendefekt hat es keine Auswirkungen, wenn der Hund Pferdeäpfel frisst.

Das Fressen von Hundekot sollte unterbunden werden. Oft ist es ausreichend, dem Hund mit einem unten geschlossenen Plastikmaulkorb die Möglichkeit zu nehmen, das zu tun. Gerade bei jungen Hunden ist es die beste Methode, diesen Maulkorb konsequent bis nach Ende der Pubertät drauf zu lassen, sobald man spazieren geht. Wichtig ist dabei die einhundertprozentige Konsequenz, dass der Hund wirklich niemals dazu kommt, doch noch mal einen Haufen zu verschlucken. Nach Ende der Pubertät ist das Problem dann meistens von ganz allein wieder weg und der Maulkorb kann wieder weggelassen werden.

Am schlimmsten machen es Versuche, den Hund schnell zu erwischen, wenn er etwas frisst und das ständige Schauen, was er da sucht. So etabliert sich nur ein schnelleres Suchen und Herunterschlucken beim Hund. Auch das Belohnen vom Anzeigen der Haufen mit einer Futterbelohnung kann das System Kot = Futter am Leben erhalten.

01

02

03

EKELGEFÜHLE BEIM HUND

Ja, Hunde können sich ekeln und zeigen auch das mit der gleichen Körpersprache, wie wir Menschen. Die Dinge, vor denen sie sich ekeln, sind vielfältig, einige sind aber sehr typisch. Ein alter Zigarettenstummel, Hundekot oder eine Zecke finden Hunde oft sehr eklig. Hält man diese Dinge hin, dann wenden sie sich ab, biegen den Körper weg und gehen langsam, sich immer wieder umschauend weg, solange das Objekt des Ekels hinterherkommt. Manchmal riechen sie auch kurz dran, um sich dann sofort wieder abzuwenden.

KÖRPERSPRACHE DES EKELS

— Abwenden, den Blick aber auf dem Objekt lassen
— Nase so weit wie möglich vom Objekt wegbekommen
— Geschürzte, angespannte Lippen vorne, oder auch vorn seitlich
— Gerümpfte Nase
— Kopf in Schräglage nach hinten, oben gezogen
— Niesen und Ausschnauben
— Plötzlicher, starker Speichelfluss aus flüssigem Speichel
— Langsames Schmatzen und lautes Schlucken

WAS DAS FÜR DEN UMGANG BEDEUTET

Natürlich ist es in Ordnung, wenn sich der Hund mal ekelt. Freundlicherweise sollte man ihn aber nicht mit ständigen Ekelgefühlen konfrontieren, denn auch dadurch entsteht eine gewisse Stressbelastung. Herumliegender Kot, starker Raumduft- oder Putzmittelgeruch und andere geruchliche Belastungen sollten eine Ausnahme im Hundeleben sein.
Außerdem ist Hunden zu helfen, die sich selbst ins Fell pinkeln oder koten, weil sie alt sind oder Qualzuchtmerkmale ihren Körper so verformen, dass sie sich nicht selbst säubern können. Verfilzter Pelz oder Zecken sind regelmäßig zu entfernen.
Beim Waschen von Hunden ist auf Parfüm zu verzichten. Wer raucht, der sollte das seinem Hund zuliebe bei offenem Fenster oder noch besser draußen machen.

01 Abwenden des ganzen Körpers.

02 Gerümpfte Nase und zusammengezogene Lippen.

03 Scharfe Gerüche lösen oft Ekel bei Hunden aus.

04 Vorsichtshalber behält man das Objekt aber immer im Auge.

04

NACH MÜDE KOMMT BLÖD

Ruhe und Schlaf sind für Hunde ein wichtiger Bestandteil des Tages. Sie brauchen beides genauso wie Sozialkontakt und das Erleben und Erkunden der Umwelt.

Nach einem Spaziergang sollten Hunde dringend die Möglichkeit bekommen, zu schlafen. Hunde sind Tagdöser und müssen pro Tag inklusive Nacht mindestens 18 Stunden schlafen können. Tendenziell sogar eher mehr. Dafür muss es ruhig und möglichst ungestört sein. Hunde brauchen also einen Ruheplatz, an dem sie auch wirklich schlafen oder zumindest dösen und in Ruhe liegen können und an dem sie von niemandem gestört werden.

Manch ein Hund möchte aber nichts verpassen und wuselt immer mit im Geschehen herum, ist ständig wach, wenn jemand aufsteht, oder verfolgt den Menschen bis zur Toilette. Solche Hundetypen schlafen besser, wenn man sie dazu bringt, an einem ruhigen Ort zu bleiben. In einer wildlebenden Hundegruppe ist es einfach. Da liegen nämlich alle die meiste Zeit herum oder es sind alle zusammen aktiv. Unser Menschenleben ist da weniger still und meistens laufen wir

Schlafen, Ruhen und Dösen gehören unbedingt mit zum Hundeleben.

umher, telefonieren oder machen andere Dinge, die Unruhe verbreiten. Stimmen aus Fernseher und Radio prasseln auf den Hund ein, der Briefträger klingelt und irgendwer kommt von der Arbeit nach Hause oder Besuch steht vor der Tür. Hunde versuchen, sich unserem stressigen Lebensstil anzupassen, sind aber eigentlich gar nicht dafür geeignet.

SCHLAFEN MACHT SCHLAU

Nach dem Lernen zu schlafen sorgt dafür, dass Informationen und Erlerntes besonders gut gespeichert werden. Insbesondere Übungen, bei denen der Hund sich zusammennehmen und zurückhalten musste. Spielt er direkt nach einer Lerneinheit, die ihm Konzentration und Selbstkontrolle abverlangt hat und wird zu wild gelobt, dann wird die gerade gelernte Selbstregulation schlechter gespeichert. Auch gerade erlebte Übungen zu Frustrationstoleranz wirken besser, wenn der Hund danach schlafen kann.

TRÄUMEN

Auch tagsüber kann man beobachten, dass Hunde träumen. Sie machen Geräusche, die ein bisschen kläglich klingen. Das genuschelte Bellen und Knurren klingen wie ein Jammern und Maunzen, ist aber kein Grund zur Sorge. Zusätzlich bewegen sich auch die Füße des Hundes und strampeln, wenn er von Bewegungen träumt. Seine Augen zucken unter den Lidern hin und her und auch sein Gesicht kann sich zu einer Drohmimik verziehen. Manche Hunde wedeln auch im Schlaf mit der Rute.

Träume sind dafür da, seelische Zustände zu verarbeiten und die Bewegungen der Beine entladen zusätzlich psychischen Stress im Schlaf. Jedes Zappeln und Bellen sind also eigene, kleine Psychotherapiesitzungen, die der Hund da absolviert. Wenn er viel erlebt hat und insbesondere, wenn seine sozialen Leistungen genutzt wurden und er Kontakte zu anderen Hunden oder Menschen haben durfte, kann das Träumen besonders intensiv sein.

WUSSTEST DU, …
dass Hunde ein drittes Augenlied haben, das man beim Träumen manchmal sieht? Die schützende Nickhaut ist mit einem Knorpel am Innenrand des Auges befestigt.

WAS DAS FÜR DEN UMGANG BEDEUTET

Neben den anderen Freuden des Lebens ist es also wichtig dafür zu sorgen, dass unsere Hunde ausreichend schlafen, auch wenn wir es nicht tun. Gerade Welpen, pubertierende Hunde und Senioren haben ein erhöhtes Schlafbedürfnis. Junghunde muss man dabei oft zu ihrem Glück zwingen, da sie selbstständig nicht zur Ruhe finden. Ein fest etablierter Mittagsschlaf für Hunde kann der erste Schritt zu einer gesunden Entwicklung und einem hundegerechten Lebensstil sein. Nach dem Lernen und auch nach der Hundeschule ist ebenfalls schlafen angesagt, damit das Gelernte optimal gespeichert wird. Falls der Hund etwas erlebt hat, was er nicht so gern behalten und fest abspeichern sollte, ist es klug direkt rauszugehen und etwas zu erleben, was die gerade gemachte Erfahrung überlagert. Ein unangenehmes Aufeinandertreffen mit einem anderen Hund, der Schreck über ein lautes Geräusch oder einen Gegenstand auf dem Weg lässt sich also besser vergessen, wenn direkt ein Spaziergang oder ein netter Kontakt folgt und nicht gleich geschlafen wird.

AUSGESCHLAFEN KONZENTRIERT ES SICH BESSER

Auch Hunde können sich konzentrieren. Auch sie haben es leichter, wenn das, worauf sie sich konzentrieren, selbst gewählt ist. Wer sich konzentrieren muss, um eine gestellte Aufgabe zu lösen, der braucht einen Anreiz von außen, um dabei zu bleiben. Wie wir auch lernt der Hund dann besonders gut, wenn er sich konzentriert. Gerade Verhaltensweisen, die er von sich aus nicht zeigen würde, bedürfen dabei unserer Anleitung, um den Hund in der Konzentration zu halten. Ein Trainingsaufbau, bei dem eine Verhaltensänderung erreicht werden soll oder neue, motorische Reaktionen eingeübt werden ist mit Konzentration schneller und leichter bewältigt. Natürlich bedarf es eines entsprechenden Umfeldes, um die Konzentration nicht unnötig zu gefährden, das aber gleichzeitig auch herausfordernd genug ist, um den Hund zu trainieren, seine Konzentrationsfähigkeiten zu steigern.

KONZENTRATIONSFÄHIGKEIT IST INDIVIDUELL

Wie lange sich der einzelne Hund auf eine Sache konzentrieren kann, ist individuell und leicht herauszufinden. Dabei kann man schauen, wie lange sich der Hund auf eine selbstgewählte Aufgabe, etwas was ihm Spaß macht, konzentrieren kann. Sei es das Jagen, Spiel oder etwas anderes, was er gern tut. Die Zeitspanne, die er damit zubringen kann, ohne sich ablenken zu lassen, kann er auch im Zusammenhang mit Aufgaben leisten, die der Mensch ihm stellt.
Auch hier neigen wir Menschen dazu, unseren Hunden viel zu wenig zuzutrauen und zuzumuten. Ein erwachsener Hund sollte ohne Probleme eine halbe Stunde konzentriert und fokussiert leinenführig laufen können, ohne ständig ermahnt oder bestätigt zu werden. Hunde sind nicht vergesslich und wissen durchaus noch, wenn vor zehn Minuten die Ansage kam, dass sie sich in ihr Körbchen legen sollen.
Verhalten sich Hunde so, als hätten sie bereits nach Minuten oder Sekunden vergessen, was von ihnen erwartet wird, dann liegt ein „Anwenderfehler“ vor. Sprich: Dann ist in der Erziehung und dem Training ein Fehler in der Vermittlung von dem, was man vom Hund erwartet, gemacht worden. Normalerweise ist dieser Fehler, dass Menschen ihren Hunden von Anfang an suggerieren, dass es notwendig ist, den Hund immer wieder zu erinnern, dass gerade ein Kommando gegeben wurde, und dass sie sich dabei körperlich so verhalten, als gelte dieses Kommando nur, wenn sie selbst auf den Hund fokussiert und in einer Position verharrend zu ihm schauen und mahnend die Augenbrauen heben. Natürlich zeigt der Hund dann auch nur, was er kann, solange der Mensch genau so da steht und mahnt. In den seltensten Fällen liegt wirklich eine Konzentrationsstörung beim Hund vor.

DER AUSDRUCK VON KONZENTRATION

Konzentration beim Hund fällt oft in der Beobachtung hinten runter. Als gäbe es gar nicht die Option, dass ein Hund fokussiert an einem Problem knobelt, ohne sich dabei schlecht zu fühlen. Auch der Ausdruck von Konzentration wird oft mit Angst oder Unwohlsein verwechselt, was schade ist, denn dadurch werden endlich konzentrierte, bemüht mitarbeitende Hunde immer wieder durch gut gemeinte „Aufmunterungsversuche“ aus ihrem Fokus gerissen und lernen dadurch langsamer.

Konzentration wirkt verhalten, gehemmt und in sich gekehrt.

KÖRPERSPRACHE DER KONZENTRATION

- Kopf leicht hängend
- Rücken fest und eher nach unten hängend
- Rute lang nach unten gestreckt und fest zwischen den Hinterbeinen
- Blick in die Luft schauend, Fokus nach innen
- Auffällig viel blinzeln, als würden die Augen zufallen
- Lange „Denkpausen“ und Verharren
- Gesicht ganz leicht angespannt und ausdruckslos
- Gang wankend und stolpernd
- Kurzes Lippenlecken, ohne Kontakt zum Menschen aufzunehmen
- Wenig Blickkontakt, aber nicht vermeidend, sondern abgelenkt
- Langsame, bewusste Motorik, Tendenz zu Statik
- Bei Ansprache wirken wie „aufwachen“
- Wenig Reaktion auf Umweltreize, Geräusche oder andere Hunde

NUR MAL EBEN EINKAUFEN

Manchmal muss der Hund für eine kurze Zeit allein bleiben. Für viele Hunde ist das einfacher gesagt als getan.

WESHALB ALLEINBLEIBEN SO SCHWER IST

Nach dem Spaziergang, vollgefuttert und erfüllt, soll der Hund nun für einige Zeit allein bleiben. Vielleicht möchtest du einkaufen oder hast, was für ein verrückter Gedanke, ein Hobby ohne Hund. Aber obwohl eigentlich alles so schön sein könnte, ist es für viele Hunde plötzlich gar nicht mehr entspannt, sobald der Mensch das Haus verlässt.

Hunde sind Rudeltiere und nicht darauf ausgelegt, ganz allein zu sein. Naturgemäß müssen sie es lernen, mit diesem Umstand umzugehen. Je später im Leben sie damit konfrontiert werden, desto schwerer ist es das zu lernen. Grundsätzlich ist es ihnen zuzumuten, hat aber ein Limit. Auch wenn der Hund in der Zeit schläft, so ist es unan-

Wer gelernt hat, allein zu bleiben, der kann die Zeit zum Entspannen nutzen.

gemessen und nicht artgerecht, den Hund täglich sechs bis acht Stunden allein zu lassen. Das gleicht einer sozialen Verwahrlosung. Im Schnitt sollte der Hund auf die Woche gerechnet maximal 12 bis 14 Stunden allein bleiben müssen. Entweder täglich zwei Stunden oder alle paar Tage sechs oder sogar mal acht Stunden. Über acht Stunden am Stück ist es unfair für den Hund, auch wenn es nur einmal pro Woche ist. Mit dieser Rechnung meint es aber auch schon das absolute, vertretbare Maximum. Ja, Hunde zu halten ist aufwendig und zeitintensiv. Leben mehrere Hunde im Haushalt, so macht es die Sache in diesem Punkt deutlich leichter. Haben die Hunde dann auch freien Zugang nach draußen, können sich lösen und herumlaufen, dann können sie auch jeden Tag bis zu vier Stunden ohne den Menschen verbringen.

Bei arbeitenden Hunden, wie Herdenschützern mit eigener Schafherde, ist auch noch mehr möglich, das beinhaltet aber nicht nur eine große Fläche und Außenhaltung, sondern mehrere Hunde, Schafe oder andere Tiere und eine Aufgabe, der die Hunde nachkommen dürfen. Dieses Leben ist aber für die meisten Hunde nicht erstrebenswert und auch nicht umsetzbar, denn wer hat schon fünf Hunde, eine Schafherde und ein paar eingezäunte Hektar Land zu bieten?

WAS HUNDE TUN, WENN MAN SIE ALLEIN LÄSST

Es kann hilfreich sein, über eine aufgestellte Kamera zu schauen, wie entspannt der eigene Hund tatsächlich ist, wenn man ihn allein lässt. Schläft er entspannt, dann kann es sogar eine gute Erholung sein, mal eine Stunde ohne den Menschen sein zu können, um richtig zur Ruhe zu kommen.
Manche Hunde zeigen auch hier eine zu geringe Frustrationstoleranz und sind furchtbar genervt vom Weggehen ihres Menschen. Diese Hunde neigen zu aufforderndem Bellen und zur Zerstörung von Gegenständen im Haus. Hunde, die die Angst plagt, allein gelassen zu werden, zittern, sitzen speichelnd und hechelnd vor der Tür und wirken wie ein Häufchen Elend. Oft sind sie dabei sehr leise. Manchmal überkommt sie schlagartiger, stressbedingter Durchfall und sie setzen im ganzen Haus mehrere, flüssige Haufen Kot ab und entleeren mehrmals ihre Blase.
Hunde, die einen zurückrufen wollen, heulen wie Wölfe und aufgeregte, gestresste Hunde fiepen und winseln laut. Bei extremem Stress können sie anfangen an der Tür oder der Wand zu graben, sich die Krallen aufzureißen oder einen großen Speichelfleck hinter der Tür zu hinterlassen. Am leichtesten ist der Umgang mit den Hunden, die einfach nur genervt sind, nicht mit zu dürfen. Stress und Angst dagegen machen das Lernen vom Alleinbleiben zu einer großen Aufgabe.

WAS DAS FÜR DEN UMGANG BEDEUTET

Wer die Chance hat, sollte den Hund vom Welpenalter an immer wieder allein lassen. Dabei wird in kleinen Schritten der zeitliche Rahmen erhöht. Das Schließen der Türen hinter sich, wenn man im Haus verbleibt, ist der erste Schritt, um das Haus irgendwann zu verlassen. Bei jeder Übung ist es wichtig, Normalität und Alltäglichkeit zu vermitteln. Wer den Welpen lobt und ein Trara macht, wenn er kurz draußen war, bringt ihm bei, auf keinen Fall das Alleinsein als etwas Normales anzusehen.

Auch mit bereits erwachsenen Hunden übt man das Prozedere auf dieselbe Art und steigert erst dann vorsichtig die Zeiteinheit, wenn der Hund wirklich zur Ruhe kommt und kein Problem hat. Das Angewöhnen einer Schlafbox wirkt oft am besten. Kennt der Hund es in der Box zu liegen, so kann sie sein sicherer Rückzugsort werden und auch zum Üben vom Alleinbleiben genutzt werden.

WUSSTEST DU, …
dass es für Hunde leichter wird, wenn sie beim Alleinsein nur einen kleinen Raum zur Verfügung haben und nicht die ganze Wohnung?

Ob ein Hund besonders schlecht oder gut allein bleiben kann, liegt auch an der Rasse des Hundes.

NOCH MAL SCHNELL ZUM PINKELN RAUS

Hunde sind im Dunkeln besonders wachsam und bellen mehr als sonst. Hier zeigt sich ihr Schutz- und Territorialverhalten besonders ausgeprägt.

VERBELLEN UND VERTEIDIGUNG GEGEN UNBEKANNTES

Abends vor dem Schlafengehen soll der Hund nochmal schnell in den Garten. Das ist irgendwie aufregender als tagsüber und oft wird im Dunkeln mehr im Garten gebellt. Das liegt an der erhöhten Wachsamkeit, die Hunde im Dunkeln haben. Ein leichtes Gruseln und angeregte Sinne erleben auch wir, wenn es dunkel wird. Auch wir sind dann schreckhafter als im Hellen und manch ein Mensch findet die Dunkelheit, ohne sagen zu können wieso, sogar richtig beängstigend.
Im Dunkeln oder Halbdunkeln spazieren zu gehen, ist mit potenziell schreckhaften oder bissigen Hunden noch schwieriger. Auch wenn die Hunde sich mit ihrem Geruchssinn besser orientieren können als wir,

Das Verbellen wirkt eher unsicher und zögerlich, kann aber trotzdem mit einem Biss enden.

Herankriechen, rückwärtsspringen und stoppen gibt dem Gegner die Möglichkeit, zu fliehen.

so empfinden sie das Reduzieren der Sichtmöglichkeiten auch als störend und potenziell gefährlicher. Auch wenn Hunde deutlich besser im Dunkel sehen können als wir. Diese erhöhte Aufmerksamkeit und Wachsamkeit bei Nacht ist bei Rassen, die zum Schutz von Weidetieren gezüchtet sind, stark ausgeprägt. So kann ein tagsüber freundlicher Hund im Dunkeln plötzlich zur Bissigkeit neigen. Findet der Hund etwas, was er nicht ganz zuordnen kann, was keine Kommunikation zulässt, weil es sich um einen Gegenstand handelt oder um ein Tier, mit dem man nicht in Kontakt treten kann, verbellt er das Objekt. In der Pubertät kommt das durch die eigene Selbstunsicherheit besonders häufig vor.

DER AUSDRUCK BEIM VERBELLEN VON UNBEKANNTEN OBJEKTEN

Verteidigungsbellen und Aggression zum Schutz geschehen in großer, körperlicher Anspannung. Auch das Verbellen von leblosen Gegenständen oder von Lebewesen, mit denen man keine Kommunikation erwarten kann, haben einen speziellen Ausdruck, der etwas zögerlich wirken kann. Der Hund springt dabei vorwärts und rückwärts und sieht aus, als würde sein ganzer Körper gegen seinen Willen in Richtung des gruseligen Objektes geschubst werden.
Die Vorderbeine sind breitbeinig und nach außen gedrückt und ganz steif. Die Hinterbeine abgesenkt und das Hinterteil damit näher am Boden als der Vorderkörper.

VERHALTENSWEISEN AUS DEM VERBELLEN VON GEFAHREN

- Ruckartige, kurze Beller schnell hintereinander weg
- Aufstampfen mit den Vorderbeinen
- In angespannten, flachen Sprüngen nach vorn hüpfen
- Zurückbleiben oder Umlaufen der Gefahr
- Hals lang gestreckt, der Kopf abgeduckt
- Wenig Drohgebärden

Findet ein unerfahrener Hund zum Beispiel einen sich einrollenden Igel im dunklen Garten liegen, dann zeigt er wahrscheinlich dieses Verhalten. Er springt auf und ab, bellt und nähert sich immer wieder vorsichtig an, um dann wieder zurückzuspringen. Gerade in der Pubertät zeigen Hunde dieses Verhalten häufiger, weil sie sich da oft erschrecken und plötzlich auftauchende oder ungewohnt wirkende Dinge als besonders gruselig empfinden.

WUSSTEST DU, …

dass bei Hunden nicht unbedingt der ranghöchste der Aufpasser und Beller ist, sondern der aufmerksamste Hund diesen Job bekommt?

WAS DAS FÜR DEN UMGANG BEDEUTET

Auch bei solchen Unsicherheiten gilt es, einen kühlen Kopf zu bewahren und aus der Sache nicht mehr zu machen, als es ist. Zeigt der Hund das Verhalten in der Pubertät, wird es sich ohne viel Aufhebens wahrscheinlich sowieso wieder auflösen, sobald er älter wird. Einzig, wenn er beginnt aus dem Verbellen in eine Attacke zu gehen, sollte man ihm das verbieten. Natürlich auch wenn er das Verhalten gegenüber Menschen zeigt.

Bei Gegenständen, die der Hund verbellt, hilft es selbst ruhig hinzugehen und den Gegenstand zu inspizieren. Sollte der Hund nicht von selbst kommen und sich die Sache anschauen wollen, dann ist es gut, ihn damit auch in Ruhe zu lassen und einfach weiterzugehen. Vielleicht ist er nächstes Mal mutiger.

Wer verbellt, möchte eine Auseinandersetzung lieber vermeiden, würde sie aber eingehen.

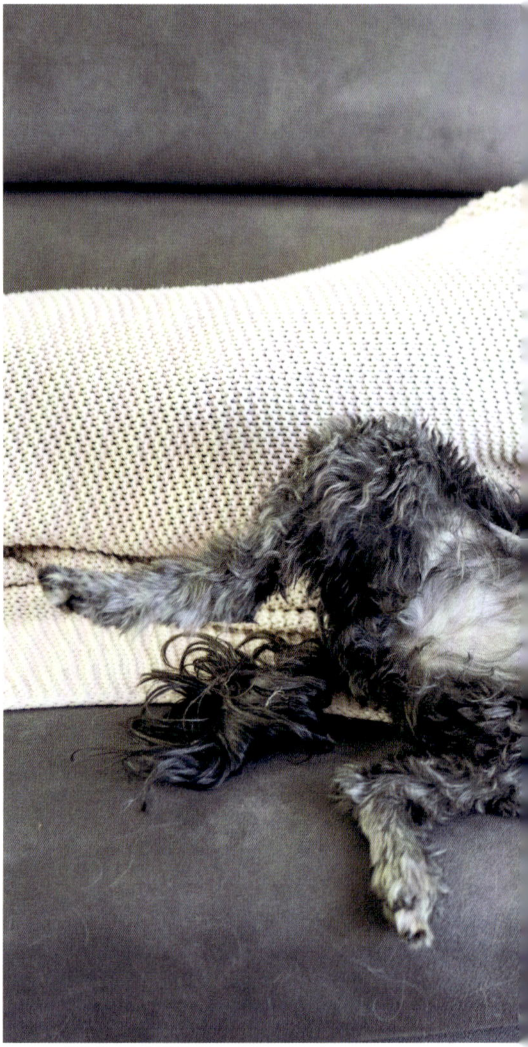

AB INS BETT

Für Hunde ist es normal, nah beieinander zu schlafen. So kann immer einer Bescheid sagen, falls etwas nicht stimmt oder sich ein Feind nähert.

WER SCHLÄFT WO?

Hunde schlafen normalerweise nachts nah beieinander. Je nach Beziehung mit engem Körperkontakt oder zumindest in direkter Nähe. Ist es zu warm, ist die Beziehung unpassend für ein Zusammenkuscheln oder mag der Hund nicht mehr, wenn ihm auf die Pelle gerückt wird, weil er alt ist und es überall zwickt und zwackt, dann legen sich Hunde auch mit ein paar Metern Abstand zueinander hin.

Auch sie bevorzugen Bettpartner, die nicht schnarchen oder strampeln im Schlaf. Hunde wachen mehrmals in der Nacht kurz auf, horchen kurz, oder drehen sich um. In einem Rudel bewirkt das, dass immer einer in die Dunkelheit horcht oder sich umschaut und damit für alle gesorgt ist.

WAS DAS FÜR DEN UMGANG BEDEUTET

Ob man den Hund im Bett schlafen lässt, ist Geschmackssache. Solange er nicht das

Bett für sich beansprucht oder seine Menschen nicht mehr mit rein lässt, spricht nichts dagegen, ihn im Bett schlafen zu lassen. Für Welpen ist es sogar wichtig, so nah zu sein.
Er sollte aber mindestens die Möglichkeit haben, in der Nähe der Menschen zu schlafen, sodass er sie hören kann. Nicht jeder Hund möchte im selben Raum liegen wie seine Menschen, aber doch zumindest so nah, dass er mitbekommen kann, falls etwas passiert.

Auf der ganzen Welt schlafen Hunde mit im Bett. Ihre hohe Körperwärme macht das besonders attraktiv, denn sie sind wie eine Wärmflasche.

Manche züchterischen Extreme am Hundegesicht erschweren die mimische Kommunikation.

KÖRPERSPRACHE LESEN UND ANWENDEN

Wer Hunde verstehen möchte, der muss lernen die Körpersprache zu lesen und in jeder Situation neu und genau hinzuschauen, bevor er urteilt.

Hunde zu lesen und ihre Absichten zu erkennen ist komplex. Hier in diesem Buch ist nur ein winziger Teil all der Dinge wiedergegeben, die es zum Auswerten von Hundeverhalten braucht. Ein Blick durchs Schlüsselloch in die Hundewelt also. Selbst mit viel Erfahrung müssen ausgebildete Hundetrainer:innen manche Situationen auf Video aufnehmen, in Zeitlupe mehrfach ansehen und vielleicht sogar mal etwas in einem Buch nachschlagen. Es ist also völlig normal, wenn du jetzt findest, dass das ein oder andere gar nicht so leicht zu sehen oder auseinanderzuhalten ist. Dazu kommt noch, dass die verschiedenen Hunderassen unterschiedlich aussehen, Steh- oder Hängeohren haben, langes Fell ihre Muskeln verdeckt, kurze Schnauzen das Nasenrückenrunzeln

unmöglich machen oder es einfach schwer ist, den eigenen Hund von oben herab richtig sehen zu können, wenn man ihn gerade an der Leine hält.
Deswegen sollten wir alle vorsichtig an Interpretationen von Situationen herangehen und immer mit einbeziehen, dass wir vielleicht etwas nicht richtig oder schnell genug gesehen haben. Ich finde es immer hilfreich, den eigenen Hund mit sich zusammen filmen zu lassen, denn mit etwas Abstand bewerten sich manche Situationen leichter.
Ein weiterer Punkt ist die Auswertung der Gesamtsituation. Gerade wenn es zu Konflikten unter Hunden kommt, neigen wir zu einem Problemfokus und beziehen weder die Minuten oder sogar Stunden vor dem Konflikt noch die Zeit danach mit ein. Das ist aber wichtig, um die Einschätzung nochmal mit der Realität abzugleichen.
Ein Verhalten wird an verschiedenen Ausdrücken und der Körpersprache bemessen. Das funktioniert und ist zuverlässig auf jeden Hund anwendbar. Es muss aber bedacht werden, dass selbst die hier einzeln aufgelisteten Körperteile und Verhaltensarten nicht den ganzen Hund beschreiben und es noch viel detailreicher ist. Die Anspannung der Augenlider im Ober- oder Unterlid. Die Weitung der Pupillen, die Aufstellung der Zehen auf dem Boden und andere, kleinere Körperausdrücke gehören zum Gesamtbild dazu. Auch Körperreaktionen, wie die Tiefe der Atmung, Herzschlag und Gerüche, können ausgewertet werden. Am Ende ist es also viel mehr, als es in Büchern zu finden wäre und vermischt sich auch mit einer großen Portion Erfahrung. Bleib also neugierig und aufgeschlossen.

Auch extremer Fellbewuchs behindert manchmal die mimischen Möglichkeiten.

KEINER KANN SAGEN, WIE ES WEITER GEHT

Eine Kommunikation ist fließend. Jeder trägt etwas dazu bei, wie es sich entwickelt, und jederzeit kann sich das Blatt wenden. Deswegen lässt sich auch nicht voraussagen, wie eine Kommunikation weiter verlaufen wird oder wie sie verlaufen wäre, wenn man sie nicht unterbrochen hätte. Natürlich kennt man seine Pappenheimer und bei häufigen Wiederholungen kann man seinen eigenen Hund und seine Art irgendwann gut einschätzen. Das gilt aber nur für den eigenen Hund und auch da bleibt immer eine Wahrscheinlichkeit, dass er anders reagieren könnte, als man es ihm zugetraut hätte.
Wenn man darüber nachdenkt, wie es wohl weiter gehen wird, oder gegangen wäre, dann sollte man sich also immer darüber bewusst sein, dass man hier nur eine Vermutung anstellt und niemand zu hundert Prozent wissen kann, wie die Kommunikation zwischen zwei Lebewesen in der Zukunft verlaufen wird.

KENNSTE EINEN, KENNSTE ALLE?

Das Hunde unterschiedlich ticken und unterschiedliche Charaktere haben, ist klar. Oft ist trotzdem ein gewisser Übermut mancher Menschen zu beobachten, die glauben, alle Charaktereigenschaften ihres Hundes auf andere Hunde beziehen zu können. Da jeder von uns einen gewissen Typ von Hund mag, werden wir, selbst wenn wir bereits mehrere Hunde gehalten haben, nur eine grundlegende Kenntnis über diese Rasse oder diesen Typ bekommen. Selbst innerhalb einer Rasse gibt es Unterschiede in den angeborenen Charakterzügen.

Es gibt außerdem viele spezielle Hundetypen auf der Welt und einige unterscheiden sich wirklich von dem, was man sich allgemeinhin vorstellt oder selbst schon gehalten hat. Es gibt Hunderassen, die so sehr darauf gezüchtet sind, fremde Hunde nicht zu tolerieren, dass sie mit fremden Hunden nicht auskommen werden, egal, in wie vielen Welpengruppen sie gespielt haben und egal, mit wie viel Liebe sie sozialisiert wurden. Es gibt Hunderassen, die so ausgeprägtes Jagdverhalten zeigen, dass man sie nicht einfach mit einer Leberwursttube davon ablenken kann. Was der eigene Hund mag oder nicht, liegt an seinem Charakter und nicht an seiner Erziehung. Sein Gehorsam ist beeinflussbar, aber nur bedingt wen oder was er gut findet und wie er denkt. Ein Whippet wird beispielsweise selbst bei größter erzieherischer Mühe keinen Spaß am Eisbaden finden, auch wenn der Labrador von nebenan es liebt. Ein Chow Chow wird es tendenziell ekelhaft finden, mit piepsender Stimme von fremden Menschen durchgekuschelt zu werden, selbst wenn der Boxer von Tante Ilse davon nicht genug bekommen kann. Der Herdenschutzhund wird vielleicht nie fremde, gleichgeschlechtliche Hunde mögen und der afghanische Windhund eventuell keinen Spaß beim Apportieren haben, obwohl Frauchen es mit ihren drei Golden Retrievern, die sie vorher hatte, immer gemacht hat.

Deswegen ist es mit Vorsicht zu genießen, Trainingstipps und Ratschläge für den Umgang auszutauschen. Was bei dem eigenen Hund geklappt hat und gut ist, ist noch lange nicht richtig für den nächsten. Ob man „die das unter sich regeln" lassen kann oder nicht, ist individuell, genau wie viele andere Fragen. Bevor jemand also über die Fähigkeiten oder Entscheidungen anderer Hundebesitzer:innen urteilt, ist es gut daran zu denken.

01

DAS WAS UND DAS WARUM

Mit sehr viel Übung und unter guten Bedingungen kann man erkennen, was genau welche Reaktion beim Hund auslöst. Solange ein direkter Abgleich möglich ist mit Aktion und Reaktion, ist das gar nicht so schwer. Diese Möglichkeit verleitet aber auch schnell zu Interpretationen. So lässt sich vielleicht gut erkennen, dass ein Hund defensiv droht, aber die Frage, weshalb, ist damit nicht beantwortet. Hier bringen wir dann oft unsere eigenen Ideen mit ein, wieso der Hund fühlt, wie er fühlt, und vergessen den Abgleich mit der Umwelt und erfinden Erklärungen oder denken sogar, dass wir raten können, was der Hund in der Vergangenheit erlebt hat. Auch wenn sich Verhalten und Kommunikation gut beobachten und lesen lässt, sollte man immer bedenken, dass konkrete Hinweise nötig sind, um herauszufinden, wieso ein Hund sich fühlt, wie er es gerade ausdrückt. Gerade bei dieser Frage kommt es oft zu Fehlinterpretationen und vorschnellen Rückschlüssen. Das „Was" in der Hundesprache ist eindeutig zu sehen. Das „Warum" nicht immer.

01 Jeder Hund bringt seine eigenen Charaktereigenschaften mit auf die Welt.

02 Was die Hunde zeigen, lässt sich eindeutig sagen. Warum sie es zeigen, ist oft Interpretationssache.

03 Was Hunde mögen, wovor sie sich fürchten und wen sie gut finden, ist immer individuell.

02

03

EIN NEUER TAG MIT HUND BEGINNT

Es gibt so viel zu erleben mit einem Hund. Alles, was du hier gelesen hast, war nur ein kleiner Teil der faszinierenden Möglichkeiten und Wesenszüge unserer Hunde.

DAS LEBEN MIT HUND

Ich hoffe, dass ich dir das Verhalten von Hunden in diesem Buch hilfreich übersetzen konnte. Vielleicht hilft es ja sogar, dass ihr beide noch ein bisschen näher zusammenkommt. Das Leben mit Hund bietet uns nicht nur die Möglichkeit, ihn kennenzulernen, zu verstehen und spannende Dinge mit ihm zu erleben, ein Hund stellt uns auch auf die Probe. Er fordert unsere sozialen Fähigkeiten, setzt sich gegen uns durch oder er bringt uns dazu, uns durchzusetzen.

DAS GESCHENK DER HUNDE

Ein Hund ist klar und ehrlich und macht, was ihm gefällt und ihm zum Nutzen ist. Wollen wir etwas an seinem Verhalten ändern, dann müssen wir uns beweisen und zu eigener Stärke und Führungskompetenz finden. Niemand gibt uns so ehrliches Feedback darüber, wie deutlich wir sind und wie wir wirken. Das ist das Geschenk, das Hunde uns machen, indem sie uns immer wieder herausfordern, klarer zu kommunizieren und weniger Schnickschnack und Ausreden zu finden. Die Fähigkeiten, die uns Hunde lehren können, nutzen uns auch im Kontakt mit Menschen. Denn, wie sollte es anders sein, auch Menschen mögen Klarheit und jemanden, der weiß, was er will, weiß, was er kann und das, ohne andere schlecht machen zu müssen, vermitteln kann. Hunde sind im Grunde genommen wie vierbeinige Menschen, nur besser darauf bedacht, sich das Leben schön zu machen.

Jeder Hund lehrt uns etwas Neues, wenn wir uns darauf einlassen, es zu lernen. Manchmal kann dieser Prozess anstrengend sein. Aber er kann uns zu einem reiferen Menschen machen.

Wer einmal erfahren hat, was mit Hunden möglich ist, der kann nie wieder ohne Hund leben.

JEDER HUND IST ANDERS

Wir können die Sprache der Hunde lernen, ihre Stimmungen an der Körpersprache lesen und erkennen, wieso sie sich verhalten, wie sie sich verhalten. Ihren eigenen Charakter bringen sie aber mit und überraschen uns nicht selten mit ihren besonderen Ansichten und Verhaltensweisen. Kein Hund ist wie der andere!
Auch jeder meiner Hunde hat etwas Neues in mein Leben gebracht, das ich so noch nicht kannte. Meine kürzlich verstorbene „Hummel“ hat mich immer wieder damit beeindruckt, wie hoch die Frustrationstoleranz eines Hundes sein kann und wie genügsam sie aus allem im Leben das Beste gemacht hat. Mein Rüde „Nanu!“, der hier mit vielen Bildern im Buch vertreten ist, hat mir gezeigt, was es bedeutet, mit einem Hund zusammenzuleben, der aufgrund seiner Genetik, trotz bester Aufwuchsbedingungen und bester Sozialisierung, einfach gern Aggressionsverhalten zeigt. Er hat mir geholfen, noch einmal wirklich zu erleben, dass wir nicht alles aus unseren Hunden machen können, nur weil wir vermeintlich „alles richtig“ machen. Gleichzeitig habe ich nie einen Hund kennen lernen dürfen, der so viel Fürsorge und Innigkeit vermitteln kann, wenn er jemanden mag.
Ich bin jetzt schon gespannt, welche Lehren die kleine „Schnipsel“ für mich bereithält, die nächsten Monat bei mir einzieht. Mit Sicherheit weiß ich nur eins: Auch sie wird mich überraschen, herausfordern und mir wieder neue Dinge über Hunde und das Zusammenleben mit ihnen beibringen.

Den Umgang mit sozialen Lebewesen und Beziehungen zu führen, haben wir nie vollständig gelernt. Wir lernen lebenslang und mit jedem neuen Kontakt weiter. Wer nicht neugierig und aufgeschlossen bleibt, in Kategorien und Ideologien verharrt, der wird nie das ganze faszinierende Spektrum der sozialen Interaktion erleben können. Hunde sind so viel mehr als Tiere, die man dressieren und konditionieren kann. Sie können mit uns sprechen und wir auch mit ihnen. Über Körpersprache und bewusst eingesetztes Verhalten können wir sie erziehen und ihnen mitteilen, was wir wollen und was nicht. Dafür brauchen wir nur uns und unsere vergessenen Fähigkeiten. Und manchmal so ein Buch, wie dieses hier, das uns die Körpersprache der Hunde näherbringt.

»Hunde sind hochkomplexe, sozial intelligente Lebewesen, mit denen man tiefe und wertvolle Freundschaften pflegen kann, und sie haben unsere Liebe und Anerkennung mit jedem Härchen auf unserem Sofa verdient.«

SERVICE

☞ DANKE

So ein Buch schreibt sich nicht von selbst. Ich bin voller Dankbarkeit für Perdita, ohne die ich nicht zum Kosmos-Verlag gekommen wäre und dafür, für den Kosmos-Verlag schreiben zu dürfen. Ich habe schon als Kind eine kleine Kosmos-Bücherei zu Hause gehabt und bei meinem Lieblingsverlag ein Buch zu schreiben, war ein Traum, der hier und jetzt gerade in deinen Händen in Erfüllung geht.
Eine so angenehme Zusammenarbeit mit dir Ute verdient ebenfalls Dankbarkeit und das gilt auch für dich Anna und deine tollen Fotos!
Danke Stefan, für deine Hilfe und Korrekturen und die Ablenkung nebenbei. Ich liebe dich, aber sag es nicht weiter, sonst könnte noch jemand denken, dass ich auf meine alten Tage romantisch werde.
Danke Susanne, Alex und Lisa fürs Inspirieren, Kopf-gerade-Rücken und Korrigieren.
Mama und Papa fürs Zuhören. Ihr seid toll!
Steff, Bati und Thorben fürs Probelesen des ersten Entwurfes, Melanie und Nikolaus ganz besonders!

Danke Hummel, für die wunderbaren elf Jahre mit dir. Danke, dass du noch so viele Stunden neben mir gelegen hast, während ich an diesem Buch schrieb.

ZUM WEITERLESEN UND WEITERKLICKEN

WEITERE EMPFEHLENSWERTE BÜCHER

Hier findest du eine kleine Auswahl von Büchern aus dem Kosmos-Verlag, mit denen du noch tiefer in die Thematik „Hund" einsteigen kannst.

Baumann, Thomas und Ina: **Entschleunigung von Mensch und Hund.** Gemeinsam zu mehr innerer Ruhe und Gelassenheit.

Bucksch, Martin, Dr.: **Gesunde Ernährung für Hunde.** Gesundes Futter für jeden Hund.

El Ayachi, Sami: **Der zugewandte Hund.** Körpersprache richtig verstehen und anwenden.

Engelstädter, Vanessa: **Resilienz bei Hunden.** Hunde im Inneren stärken – Für einen gelassenen Umgang mit Konflikten und Stress.

Gansloßer, Udo, PD Dr.: **Verhaltensbiologie für Hundetrainer.** Verhaltensweisen aus dem Tierreich verstehen und auf den Hund beziehen.

Gansloßer, Udo, PD Dr. und Petra Krivy: **Verhaltensbiologie Hund – Praxisbuch.** Wie Rasse, Geschlecht, Aussehen und Alter das Verhalten beeinflussen.

Gansloßer, Udo, PD Dr. und Kate Kitchenham: **Hundeforschung aktuell.** Anatomie, Ökologie, Verhalten.

Mehl, Robert: **Die Psyche des Hundes.** Wie Prozesse im Gehirn das Verhalten steuern.

Jobi, Anke: **Clean Feeding.** Hunde natürlich füttern.

Nitzschner, Marie, Dr.: **Die Persönlichkeit des Hundes.** Wie Gene und Umwelt das Wesen bestimmen.

WEBINARE

Viele spannende Themen, Autorinnen und Autoren findest du in unseren Online-Seminaren. Ob live oder als Aufzeichnung, hier dreht sich alles um den Hund.

SOCIAL MEDIA

Möchtest du wissen, was los ist? Storys, Webinar-Ankündigungen, Zitate, Buchclips, Gewinnspiele, Takeover unserer Autorinnen und Autoren und vieles mehr gibt es auf unseren Social-Media-Kanälen unter:
instagram.com/kosmos.hund
facebook.com/kosmos.hund
Folge uns und werde Teil unserer KosmosHund-Community!

REGISTER

BILDNACHWEIS

208 Farbfotos wurden von Anna Auerbach aufgenommen.
Weitere Farbfotos von Maren Grote (1: Seite 194) und Stefan Kirchhoff (3: Seite 32/33).
4 Illustrationen von AdobeStock/zolotons (Seite 10 und vordere Umschlagklappe).

IMPRESSUM

Umschlaggestaltung von von GRAMISCI Editorialdesign, Isabelle Fischer unter Verwendung von Farbfotos von Trio Bildarchiv/Natalie Große (U1) und Anna Auerbach (vordere und hintere Umschlagklappe)

Mit 212 Farbfotos und 4 Illustrationen

Unser gesamtes Programm finden Sie unter **kosmos.de.**
Über Neuigkeiten informieren Sie regelmäßig unsere Newsletter, einfach anmelden unter **kosmos.de/newsletter**

Gedruckt auf chlorfrei gebleichtem Papier

ISBN 978-3-440-17558-3
Redaktion: Ute-Kristin Schmalfuß
Gestaltungskonzept: Peter Schmidt Group GmbH, Hamburg
Gestaltung und Satz: Atelier Krohmer, Dettingen/Erms
Produktion: Carolin Wacker
Druck und Bindung: Westermann Druck Zwickau GmbH, Zwickau
Printed in Germany / Imprimé en Allemagne

FSC www.fsc.org MIX Papier | Fördert gute Waldnutzung FSC® C110508